草木日有所长，
清欢字里行间。

草木

清欢

小山&窗前 著

宁波出版社
NINGBO PUBLISHING HOUSE

图书在版编目（CIP）数据

草木清欢 / 小山，窗前著 . 一宁波：宁波出版社，
2020.11
　ISBN 978-7-5526-4074-8

　Ⅰ . ①草… 　Ⅱ . ①小… ②窗… 　Ⅲ . ①植物－华东
地区－普及读物 　Ⅳ . ① Q948.525-49

中国版本图书馆 CIP 数据核字（2020）第 191629 号

Caomu Qinghuan

草 木 清 欢

小山　窗前　著

出版发行	宁波出版社
	（宁波市甬江大道 1 号宁波书城 8 号楼 6 楼　315040）
策划编辑	徐　飞
责任编辑	苗梁婕
装帧设计	马　力
责任校对	虞姬颖
印　　刷	宁波白云印刷有限公司
开　　本	889 毫米 ×1194 毫米　1/32
印　　张	10.5
字　　数	270 千
版　　次	2020 年 11 月第 1 版
印　　次	2020 年 11 月第 1 次印刷
标准书号	ISBN 978-7-5526-4074-8
定　　价	68.00 元

推荐序：
所至如君子，草木有嘉声

羽　戈

与小山兄相识，已逾十年。犹记初见，应在七哥召集的饭局之上。彼时七哥纵横政法、文化、时尚三界，每次组局，往往才子佳人，鸾翔凤集，大有"忆昔午桥桥上饮，坐中多是豪英"之概。豪英当中，小山面目清朗，言语斯文，举手投足，一派儒雅，不料喝起酒来，每劝辄饮，每饮必尽，酒风之浩荡，令人心折不已。由是订交，时相过从，忽忽便是十年。酒阑却忆十年事，长沟流月去无声。

我在见小山之前，曾拜读他的法律博客，知他毕业于华东政法大学、曾任检察官等，相似的出身，遂多了三分亲近。后来有幸到他府上做客，参观书房，发现架上的政法藏书，大多眼熟，好似故旧——我素有一种偏见，判断一个人的品位与见识，相比观其写作，不如观其读书。写作有时得看老天爷是否赏饭吃，可能会遮蔽作者腹中的光芒，读书则大抵能够呈现其人的历历来时路——于是翻检开来,忆往事,谈新知,指点江山,激扬文字,不觉夜幕降至。引为同道之后,那晚的四特酒,喝起来格外畅快,连同清寒的月光,使人沉醉不知归路。

我一直视小山为法律人,虽然相识之时,他的工作已经与法律的行当渐行渐远。不料后来竟走得更远,有一天他忽然写起了草木,令老朋友们大跌眼镜,大发感叹:早知小山是世外高人,胸怀绝学,深藏不露,居然还有这么一手!等到数年以后,他的第一本作品集《甬城草木记》结集出版,朋友圈则从惊叹转至钦佩。我曾开玩笑道:法律界可以没有小山,植物界却不能没有小山,至少在甬城如此,否则寻花问柳之际,我们找谁当向导呢?

惭愧的是,小山馈赠的《甬城草木记》,我始终未能通读,有些地方更是如坠云雾,似懂非懂。对于一个五谷不分的人,让他去辨析探春、迎春与野迎春这三种黄花的区别,不啻一种精神酷刑。为美食、美酒而受刑,固我所愿,然而花卉大都不能下酒,何苦受此折磨?想到这里,我便迅速原谅了自己的无知和懒惰,把《甬城草木记》供上高高的书架,眼神随之飘到一侧的四特酒上。

就我对《甬城草木记》有限的阅读而言,小山的写法,更侧重植物的科普,偶有感喟、抒情,并未喧宾夺主。手上这本他与爱人合著的《草木清欢》,亦复如是。这是我所欣赏的研究与写作方式。古人写植物,从《诗经》到《离骚》再到陶渊明诗,从蒹葭到香草再到菊花,流行托物言志,触物兴怀,诗人笔下,植物只是媒介或工具,而非目的,寄托于植物之上的种种价值，最终则构成了植物本身所不能承受之重。这一弊病，流传至今，而且愈发不堪。古人借物寓兴，还有讲究，今人感情泛滥，但见落花残叶，无不伤心欲绝，到头来，则为伤感而伤感，与植物全不相干。鉴于此，小山就植物来写植物，追本溯源，有一说一，少夸饰，不煽情，可视之为对传统与潮流的拨乱反正，乃是植物学的一大福音。这不仅堪称学者风范，更见仁者情怀，诚可谓"已识乾坤大，犹怜草木青"（马一浮《旷怡亭口占》）。

这么说来，容易使人误以为《甬城草木记》《草木清欢》近乎枯燥的科普书，实则小山文笔朴实、清丽，即便作为文学作品，亦有可观之处，令人难以释卷。说起文学，我读《草木清欢》，另有一重收益，即书中引用的诗词，还原了那个由草木所构筑的古典文学世界，譬如"白花满山明似玉"的白鹃梅，"蛾儿雪柳黄金缕"的银荆，"一枝秾艳对秋光，露滴风摇倚砌傍"的鸡冠花等。借助诗词的力量，草木得以盛放，正如借助草木的光华，诗词得以复活。由此我也想附庸风雅一把，借东坡居士的两句诗献给小山及其新书：

所至如君子，草木有嘉声。

2020 年 10 月 15 日

（羽戈，知名青年学者、作家）

自序：
此花不在你的心外

经常分享草木之美，得到不少共情，也遇到不少误会。最大的误会，是不少人以为我天天在刷山。在公众号后台或评论区，经常看到类似留言："很羡慕你经常刷山，我也很喜欢草木，但却没时间去山野。"

其实，我的大事小情，一点也不比大家少。一个月能去一次山野，那就是我最大的奢望了。也许是我的业余时间相对聚焦，我的草木之爱相对持久，我的草木分享相对频繁，故给了大家一个标签化的印象。

关于草木与山野之间的关系，我始终信奉并持续践行着这样一个理念："心有草木，到处自然。"

草木是自然精华，草木无处不在。山野虽不能常去，但只要有一颗草木之心，随时随地可以观察草木的荣枯变化，随时随地可以感知物候的四季变迁，触目即是山野，到处都是花园，虽然身在红尘，心早就在旷野了。因为草木，我们四时与自然同在，我们的心灵也就无比自在怡然了。

那么，何为草木之心呢？《传习录》一段著名公案为此作了最好说明：

> 先生游南镇。一友指岩中花树问曰：天下无心外之物。如此花
> 树，在深山中自开自落，于我心亦何相关？先生曰：你未看此花时，
> 此花与汝心同归于寂；你来看此花时，则此花颜色一时明白起来，
> 便知此花不在你的心外。

这是哲学史上一段非常精彩而且美好的对话。这位朋友就如同《金刚经》里的须菩提尊者，代表大众提出了普遍性的问题，引出阳明先生关于心与物与事之间的精妙阐发。从先生的回答中，我们可以知道，世间万物，若不与"我"这颗心感通，于"我"而言，那是不存在的，也是没有意义的。反过来说，我的这颗"心"也可发挥主观能动性，它照向哪个方向哪个领域，此一方向、领域便不在我的"心"外，若愿与力同向，事物就会发生积极而有意义的变化。这颗"心"扩充到我们与草木之间的关系，同样如此。

人类是被草木滋养的自然之子，大自然是我们人类的心灵故乡。故我所理解的草木之心，就是人类心灵深处原本就存在的对草木的欢喜之心、对大自然的依恋之情。这份情感，是我们打开草木世界的万能钥匙，是我们在草木世界乐此不疲的不竭动力。

因为热爱，所以投入。故心之所念，目之所及，书之所读，口之所言，无处不见草木，无时不及草木，久则有感，感而遂通，通则有悟，悟则有喜，喜则不计苦累，爱之弥坚。

我们和草木及整个大自然，都是生命共同体。我们对草木的欢喜之心，理应包括我们对其生命之美的赞叹，对其智慧之美的敬佩，对其气质之美的欣悦，对其文化之美的共鸣，更应包括我们对一切危及草木本身、生态系统安全之行为的不满、愤怒和反对。

进而言之，从欢喜草木出发，我们学会了理解不同生命之间的互相依存与共融共生，从而更加敬畏、爱护我们这个已经伤痕累累的星球，这不

仅仅是为了草木，更是为了我们自己。

这本书所呈现给大家的，正是这样的一些观察、感悟和欣悦。家门口一棵朱砂梅，眼见着其花盛叶繁，梅子青黄，便有了"明月清风我，红尘不复来"之感；悠园虽小，菜花与野花斗艳，蛞蝓和蜂蝶齐来，其中之趣与园，想来便嘴角含笑；小区的染井吉野一时如雪，鄞州公园的大花金鸡菊满地金黄，花开时节令人着迷；天童寺的夹道古松，漯河沙澧公园的连片杏花，深圳深南大道边的鸡蛋花，吉隆坡街头的炮弹树，烟台随处可见的冬青卫矛，木渎古镇河边的紫堇，北京春天的热闹非凡，杭州雪日的银装素裹……不论在家还是外出，不论在国内还是国外，因为旧雨新知的草木朋友，到处可乐，无时不乐。

草木日有所长，清欢字里行间。与《甬城草木记》相比，《草木清欢》的花草树木涉及地域更为广泛。宝黛初见时，黛玉暗惊"何等眼熟到如此"，宝玉笑道："这个妹妹我曾见过的。"翻阅此书，南北西东的你，也许目光会停在某些花草树木上，会意一叹：何等眼熟、曾见过的！在内容编排上，《草木清欢》除了继续为春夏秋冬的花草逐一"立传"，还新增了展现"群芳谱"的草木之旅。偷得浮生一时闲，清游只为醉花阴。花友们如何在小区、公园、古村、植物园或者山间观花看草，诸多花草的生境如何，从中可窥一斑。

如果这本小书能够助力更多的朋友点亮那颗寂然不动的草木之心，让更多朋友身边的一草一木"颜色一时明白起来"，那便是我们最快乐和期待的事情了。

2020 年 10 月 18 日

目录
Contents

花开四季 · 夏

花开四季 · 秋

花开四季·冬

草木之旅 · 游

春

开
季
花
四

春
Spring

白鹃梅

白花满山明似玉

　　草木观察欲有所得，定点观察、持续跟踪是一个好方法。同一种植物的四季形态，沿途上百种植物的次第花开，都是我们乐见的。这也是植物爱好者喜欢反复去刷同一条古道、走同一条山路的原因之一。

　　宁波保国寺所在的灵山，就是植物爱好者常逛之处。保国寺始建于汉，唐改现名，寺内最珍贵的建筑是大雄宝殿，又称无梁殿，建于北宋大中祥符六年（1013），为长江以南最古老、保存最完整的木结构建筑之一。保国寺目前有寺无僧，已被辟为古建筑博物馆。

　　灵山是个钟灵毓秀之地，山不高，但草木葱茏，溪不大，但四季叮咚。绕寺一周有登山步道，凉亭石阶完好，坡度缓急适宜，五千步左右的路程，长短正好，抬头可饱览北山俊秀，回望可欣赏城乡静美。城里开车至此，半小时足矣，真是一个见缝插针观察植物的好地方。

　　春日里，寺内寺外，万物萌动，百花盛开。寺内最动人的植物，当属紫堇属的小精灵们。二月下旬，刻叶紫堇、地锦苗、夏天无、小花黄堇等紫堇属的小花们，就开始星星点点绽放，慢慢连点成片，开遍寺院林下溪边。

再加上还亮草、猫爪草、诸葛菜等野花夹杂其中。一时间，红黄紫白，各种花色，像是给寺院铺上了一片片美丽的地锦，与精致肃穆的古建筑搭配，一厚重，一轻盈，相得益彰，给人以生生不息之感。

寺外后山，则是灌木乔木藤本等植物依次竞秀的舞台，花色白中带黄的檵木，开紫色小花的冬青，雪白芬芳的山矾、栀子，花朵硕大的金樱子、硕苞蔷薇，还有毛八角枫、小果蔷薇，都是这里颇值一观的春夏美花。而当下时节最为盛大的，当属白鹃梅了。绕后山步道走一圈，随意望去，苍翠之间到处可见一大片一大片的洁白花朵。经过多年的繁衍生息，白鹃梅俨然成了此处的优势群落之一。

白鹃梅（*Exochorda racemosa*），蔷薇科白鹃梅属模式标本植物。该属植物共有 4 种，分布于亚洲中、东部，中国产 3 种，1 变种，分别是齿叶白鹃梅、红柄白鹃梅和白鹃梅，以及红柄白鹃梅的变种绿柄白鹃梅。齿叶

白鹃梅，又名榆叶白鹃梅、锐齿白鹃梅，因叶子中部以上有锐锯齿而得名，主要分布在东北一带。红柄白鹃梅主要分布在华北一带，生长在海拔1000至2000米的山坡灌丛之中，与白鹃梅的区别是叶柄更长且红色，我曾在华山见过。白鹃梅主要分布在江西、浙江、江苏、河南等地。浙江后两种都有。

　　白鹃梅，是一种名字好听、颜值较高的植物。"白鹃"代表颜色质地，"梅"用来说明它们也是五个花瓣，并且同梅花一样美。《中国植物志》对该属植物的描述是："美丽灌木，花大，色白，春季开放，可栽培供观赏用。"在灌木前面加上"美丽"两个字的物种，在《中国植物志》里并不多见，可见其清新可人的容颜，连严谨的科学工作者都忍不住赞叹并付诸笔端。

　　在江浙一带，白鹃梅还有个别称叫"茧子花"。所谓"茧子花"，不是指圆鼓鼓的花苞如同白色蚕茧，而是指蚕妇用不能抽丝的蚕茧剪成的像细花一样的装饰物，据说戴上可以辟邪。清代朱昆田曾为茧子花赋诗，诗曰：

"短鬓低鬟黑似鸦，爱他总不御铅华。自从四月收蚕后，头上惟簪茧子花。"《御定佩文斋广群芳谱》还收录了宁海人刘允叔的《茧漆花》："清晨步上金鸡岭，极目漫山茧漆花。雪蕊琼丝亦堪赏，樵童蚕妇带归家。"这里的"茧漆花"指的也是白鹃梅。

　　春天是个魔术师。三月中旬开始，它用自己神奇的手，将白鹃梅枝上错落有致的扁圆形小花苞，陆续变成一朵朵洁白的大花。其花直径可达3.5厘米，周边比它花朵更大的，也只有金樱子了。花朵大，花量多，再加上此地分布广，花开时节，一时满山似雪。微风吹来，花朵翩翩，好似白蝶在翠叶间飞舞，煞是好看。

　　细看白鹃梅整朵花的造型，就像一把倒扣的白色吊扇。正中间是一个白底绿心的花盘，这是整朵花的点睛之笔，因为这颗绿心，整朵花都生动起来。其洁白的大花瓣，按五等分镶嵌在花盘的边缘，每个花瓣连接处，长有三五个雄蕊，花盘的中央，则是一束五个雌蕊。花盘边缘绿色奶油般的那一圈，便是花蜜所在。常常看到不少虫子趴在花盘边上贪婪地吸食花蜜，来来去去，不经意间就帮白鹃梅实现了传粉。

才见花正妍，忽惊子满枝。五月的山间，春花已谢，新叶苍翠，此时再去探望白鹃梅，会有新的惊喜。俯视绿叶之间，白衣飘飘的一群群小仙女不见了，取而代之的是一颗颗浅绿色的小五星，敦实肥厚，与岭南的杨桃颇为类似，但有点"肥胖微缩"，这就是白鹃梅的嫩果了。而蹲下身来，平视这些有着五条脊的蒴果，感觉其又如同船底的螺旋桨，《浙江植物志》记载的一个别名"金瓜果"，应是形容白鹃梅这时候的样子吧。

白鹃梅不仅可以用来赏花观果，有些地方还当其是一道美味。在《河南植物志》里，白鹃梅有两个别名——白花菜、龙牙菜，特别指明"嫩芽及花可当野菜食用"，估计大别山和桐柏山的群众有此习惯。江南物产丰富，春天可以吃的东西很多，香椿、荠菜、艾蒿、马兰、水芹都不错，至于如此仙气十足的白鹃梅，没听说过有人当野菜吃。不过，如果能够将其培育成园林植物，倒可为城市添一道美丽的风景线。

诸葛菜

东风拂过二月兰

　　一直很喜欢两旁开着花的路。花开一径香，无论是花树掩映，还是花丛参差，都带给人芬芳愉悦的幸福感。

　　2019 年 10 月中旬，在悠园的鹅卵石小径旁，人生中第一次播撒花种。因为买来的是混合花籽，很急切地想，会开什么花呢？然而，它们不紧不慢地发芽，挤挤挨挨地展叶，带着碧绿的生机跨越冬日的凄风苦雨，迎来了早春的乍暖还寒。

　　它们最静默的日子，正是新冠肺炎疫情肆虐之际。2020 年大年初三，原本已回老家团聚的我们，匆匆赶回宁波，之后或在单位上班，或参与社区防疫。那些日子，街道空荡荡的，村社全封闭管理、公园关闭、企业停工停产、学生停课、公交地铁停运……疫情下，国家和小家、民族和个人同频共振，让人倍感唇齿相依。

　　山野花开花谢，城里的梅花、玉兰等寂寞地发布着春的消息。二月下旬，随着疫情好转，城市在复苏，心情渐觉轻松。似乎花知人意，一天清晨，小径两边冒出几团淡紫色的花！呵，原来咱种的是诸葛菜（*Orychophragmus violaceus*），也就是二月兰呢。

这是我第一次见到诸葛菜。细细观察，发现它的茎直立，基生叶及下部茎生叶大头羽状全裂，与其他茎上叶不同。它的四片花瓣呈十字形，多为淡紫、粉紫或紫红色。查阅清代植物学家吴其濬《植物名实图考》云："初生叶如小葵，抽葶生叶如油菜，茎上叶微宽，有圆齿，亦抱茎生，春初开四瓣紫花，颇娇……"寥寥数语，写尽叶花特征。

植物冠以人名的，并不算多，且往往因植物用途与此人有关。如徐长卿，传说他使用草药治好了君王的疑难杂症，于是这种草被赐以其名。又如韩信草、刘寄奴，分别因西汉大将韩信、

南北朝时皇帝刘裕曾以此草为士兵疗伤而得名。

诸葛菜，相传诸葛亮曾用它补给军粮。据说诸葛菜的嫩茎叶营养丰富，需开水焯后再冷水浸泡，直至无苦味后可炒食。我们没有尝过。不过，吴其濬谈及"芜菁"（又名葑、蔓菁等），言"蜀人谓之诸葛菜"，并引袁滋《云南记》："大叶而粗茎，其根若大萝卜。土人蒸煮其根叶而食之，可以疗饥，名之为诸葛菜。云武侯南征，用此菜莳于山中，以济军食……"言下之意，"芜菁"可能才是真正的诸葛菜。

有趣的是，貌似被误认的诸葛菜，不知何时有了别名"二月兰"，并大有替代原名之势。20世纪90年代初，宗璞《送春》、季羡林《二月兰》，都提到了燕园的二月兰，但均未提及"诸葛菜"的名字。单株二月兰并不出众，连片成势后则如烟似霞。网上看到南京理工大学有"二月兰文化节"，每至花期，高大的水杉林下绵延着温柔缱绻的紫色，令人心驰神往。

二月兰和油菜花一样，属常见的十字花科植物，与兰花毫无关系。有人认为，二月兰应为二月蓝，取其"农历二月开蓝紫色花"之意。可是它们的花毕竟是各种浓淡的"紫"，用"蓝"表述未免有所欠缺。查阅资料，《中国植物志》只有"诸葛菜"，而中国植物图像库里则显示为"诸葛菜（二月兰）"。

春来花自开，悠园的二月兰越开越盛，那东风拂过时紫花摇曳的小径，正是我喜欢的样子。想来，草木有本心，不管人类赋予它哪种名字，它仍是它自己。关键是我们何时何地认识它、了解它，它又承载着一段怎样的记忆。

银荆

蛾儿雪柳黄金缕

在中国文学传统里，美人如花，花似美人，是一个永恒的主题。

"桃之夭夭，灼灼其华。之子于归，宜其室家。"《诗经》以娇艳桃花喻美丽新娘。李白以"美人如花隔云端"，表达理想不可达之苦闷。

清人张潮《幽梦影》，哲思妙语迭出，警句格言不断，其中亦不乏美人与花的妙论。如"蝶为才子之化身，花乃美人之别号"，又如"以爱花之心爱美人，则领略自饶别趣；以爱美人之心爱花，则护惜倍有深情"，再如"美人之胜于花者，解语也；花之胜于美人者，生香也。二者不可得兼，舍生香而取解语者也"。

《红楼梦》以花隐喻人物性格命运的技巧，更是炉火纯青。如"寿怡红群芳开夜宴"，以"艳冠群芳"之牡丹喻宝钗，"瑶池仙品"之红杏喻探春，"风露清愁"之芙蓉喻黛玉，而李纨是"竹篱茅舍自甘心"之老梅，湘云是"只恐夜深花睡去"之海棠，袭人则是"桃红又是一年春"，都极妥帖。

花与女人关系之密切，国外亦然。如果三八妇女节漫步在意大利街头，也许会看到许多女性手中拿着一枝金灿灿的银荆（*Acacia dealbata*）。二战结束后的 1946 年，意大利妇女联合会选择此花作为三八妇女节的象征。银荆花形柔美，金黄雅致，且不畏严寒，寓意妇女的美丽与活力。意大利西北部利古里亚大区（Liguria）的皮耶维·利古雷（Pieve ligure）小镇，还专门举办银荆花节。

银荆，又名金合欢，豆科金合欢属植物，原产澳大利亚，现广泛运用于世界各地的园林。此处之"银"，与花无关，指的是其新生小枝及嫩叶叶背布满白色茸毛，看起来似乎被了一层银霜，但银荆之"荆"，不知何解，难道似中国旧时丈夫，以"拙荆"谦称妻子？另外，银荆又叫鱼骨槐、鱼骨松，"鱼骨"是指其二回羽状复叶之结构，从背面看好似鱼骨，"槐"指其近似羽状复叶，"松"喻其四季常青。

认识银荆的过程，颇为曲折。早年住老江东时，在儿童公园第一次看到此木花开。后单位迁至火车东站附近，在中塘河矮柳桥边又看到一株。

第三次邂逅，不料竟是十多年后，此时单位已迁至鄞州中心区。某天中午散步至鄞州区艺术中心东侧河边，看到遮天蔽日的香樟和乐昌含笑之间，有几棵树高大遒劲，细叶青青，形似合欢，却一直弄不清是什么树。

2018 年 2 月下旬的一天，又路过此处，忽见高高的树上居然绽放出大片大片金黄色的花。这花序之上的小花，好像一个个黄色小绒球，又如黄色版的含羞草花。观其气势，有点像南方的台湾相思，但小叶似乎又没有那么宽大。请教园林专家庄主，他说是他 2001 年引进的金合欢。按照这个名字一查，才知是银荆。此时恍然想起，原是旧相识！

1978 年出版的《中国主要树种造林技术》一书中，已有银荆的记载，说明此树在中国的引进已超过四十年。就鄞州中心区及老江东这些银荆树来看，生长状况并不太好。矮柳桥边这一株，已枯了不少枝条；而艺术中心东侧那几株，还有两株似乎不会开花。不管引种什么植物，性状的稳定性观察，还是需要做一些持续跟踪的。

据庄主介绍，此树生长速度太快，易生病虫害，现在运用不多了。还有园林人士说，此树为浅根性树种，树冠大而浓密，木质又松脆易断，抗风性比较差，一些大树好不容易生长经年，但台风一来，要么枝条折断，要么整株整片倒伏，每次都损失惨重。3 月再次走过艺术中心东侧河边，看到最大的那棵树虽已花开成簇，非常美丽，却不知何时又折损了半个树冠，伤口处露出红色木质部。而首南中路附近那棵，几乎光秃秃了，只有一小段枝条还在，估计是在 2019 年"利奇马"台风中受到了重创。

一方水土不但养一方人，也养一方草木。从意大利或南方的银荆图片来看，大多花开满树，一片金黄，十分壮观。《中国植物志》记载，云南、广西、福建有引种，也许热带或地中海附近更适于银荆的生长。作为被宁波园林界淘汰的品种，不知道它们还能坚持多久。

杏花

杏花春雨江南

"杏花春雨江南。"一句诗,三个词,单看很普通的中文,组合在一起,却能引发无穷无际的联想,构造一个意蕴无穷的迷人世界。特定空间、特定节气的许多经典景象,草长莺飞,花红柳绿,白墙黛瓦,烟雨迷蒙,山似眉峰,江水如蓝,诸如此类,瞬间浮现脑海。在我看来,要找出比这更能形容江南春日之美的句子,有点困难。

然而,我又时常疑心这句诗有误,杏花是否该替换成桃花呢?桃花在江南随处可见,杏花却似乎没有见过。作为工作生活在这块土地上几十年的江南人,在江西没见过杏花,没吃过杏子,在宁波同样如此。江南有杏花吗?或者古时候有,现在没了?

后来,我查了该句出处,元代诗人虞集明明白白就是这么写的。可巧,这位作者是江西崇仁人,为元诗四大家之一。他在寄给浙江友人柯敬仲的词《风入松》中,写有"凭谁寄、银字泥缄。为报先生归也,杏花春雨江南"。

浙赣两省地域相邻,物候相近,"杏花春雨江南"应是他们关于家乡的共同记忆吧,故被词人用作"乡愁"的意象代表,这和晋人张翰的"莼鲈

　　之思"有异曲同工之妙。"人生贵得适意尔，何能羁宦数千里以要名爵"，虞集的言外之意，是想用张翰这句警语，安慰因谗言落职的柯敬仲。

　　后人不一定记得全词，但这六个字，却广为流传，甚至成为很多书、画、印、文的重要题材。著名画家徐悲鸿就曾自题一联"白马秋风塞上，杏花春雨江南"，雄奇阳刚与秀丽温婉，可谓绝对。诗人余光中在其散文名篇《听听那冷雨》中，也阐发了此一意蕴。如果说张若虚是以一首《春江花月夜》"孤篇压倒全唐"，那虞集则是凭这六个字"横绝千古"。

　　在江南，杏花和春雨，好似一对佳偶，你中有我，我中有你。从前一些著名诗人的作品，亦可印证这一点。南宋陆游的"小楼一夜听春雨，深巷明朝卖杏花"，写的是临安杏花。"客子光阴诗卷里，杏花消息雨声中"，是陈与义的名句，曾得到宋高宗激赏，写的是湖州杏花。南宋诗僧志南的

"沾衣欲湿杏花雨，吹面不寒杨柳风"，直接把二月春雨唤作杏花雨了。

北方农历二月，"春雨贵如油"，描绘杏花的作品，少了雨的湿润，倒多了些月光的轻盈。东坡先生知徐州时，写过一首《月夜与客饮酒杏花下》，诗曰："杏花飞帘散余春，明月入户寻幽人。褰衣步月踏花影，炯如流水涵青苹。"在他笔下，人与花与月，都是有生命的，杏花飞帘，明月入户，主动来找诗人，诗人欣然赴约，携客置酒踏花影，醉舞于杏花之下，场面实在太美，难怪人家称他为"坡仙"。陈与义另一名作《临江仙·夜登小阁，忆洛中旧游》，有"杏花疏影里，吹笛到天明"，亦是描绘月下杏花。

在古代文学作品里，杏花是南北皆有的。那么当代呢？之所以有此怀疑，估计很多人和我之前一样，是因为不认识杏花，以至于视而不见。现实中，分不清桃李梨樱梅杏之人十有八九，故曰无杏花；另一方面，可能真没见过。我和不少园林界人士聊过，他们都说，南方园林很少用杏花，因而南方城市人要想在自己的城市见到杏花，的确不是一件容易的事。

在宁波，杏树也是有的，不过多在乡间。2018年3月，去宁海茶山看二叶郁金香，回程路过龙潭村，瞥见路边人家院子里有几株红萼白花的花树，初以为是江梅，转念一想，花期不对，此时梅花早已落尽，甚至有些已结果了。于是停车观察，当看到花朵背面反折的萼片，才知道这正是我苦苦寻觅多年的杏花，那一刻真是欣喜异常！

车继续往象山方向行驶，前往另一个目的地。在路边一个村落，又看到了两树粉色云霞。细细观察，居然还是杏花，颜色比龙潭村的更为娇艳。不知是品种不同，还是因花开的不同阶段而致花色各异。

忽然想起，古人"红杏枝头春意闹""一枝红杏出墙来"之"红"，也许就是这种淡淡的粉红，不是我们平常以为的那种深红、大红。诗人杨万里对杏花之色，有十分经典的描述："道白非真白，言红不若红。请君红白外，别眼看天工。"宋徽宗《燕山亭·北行见杏花》也有精彩描述："裁剪冰绡，

轻叠数重，淡著胭脂匀注。"杏花的颜色，就好比绝色佳人的脸颊，白中带粉，粉里透白，是那种自自然然的美。

在北方，杏花却是城乡常见树种。2018年6月去烟台出差，在毓璜顶公园附近一户人家的院子里，看到一株果实初黄的大树，主人告诉我这就是杏树。春天在宁波初识杏花，夏天就在烟台看到杏实了，还有比这更开心的事吗？2020年3月中旬出差河南，在漯河市舞阳县一个村落走访，看到好些农家小院里的高大杏树正含着紫红色的花苞，在蓝天丽日下非常引人注目，可惜没带相机。返程那天早晨，我信步走到沙澧公园，忽遇十来株颇有些年份的杏树，且有二三株正芳华初绽、满树如雪。这个意外惊喜来得猝不及防，为这次河南之行画上了一个圆满的句号。

在宁波城区，我只在鄞州公园东南角的梅树中间，看到一些杏树。这也是那次茶山之行后的新发现。认植物就是这样，一旦熟悉了，它们也就随处可见了。不知是园林工人搞混了，还是有意为之，里面梅杏比例几乎各半，倒为我观察杏树提供了不少便利。这三年来，我年年留心观察，期待一睹盛况，能拍点杏花春雨之类的图片，但这些杏花总是开得稀稀疏疏，今年亦然，殊为憾事！

也许杏树是属于乡村的，它们习惯了在村头、河岸、院落自由自在生长，不喜欢城市的喧嚣，不习惯被圈养。说来也是，离开了乡野自然的杏花，还是那"春雨江南"的杏花吗？

加拿大柳蓝花

柔枝若柳花似鱼

2018年4月5日，风清景明。我们拟驱车前往海曙区龙观乡观顶湖赏景。

接近山脚，见路旁有几座茶山，茶树如厚厚的绒毯般，一畦畦铺满了整个山头。我们停车，不顾枝叶上还带着昨夜的雨水，在茶园里徜徉。想起余秋雨说："一杯好的绿茶，能把漫山遍野的浩荡清香，递送到唇齿之间。"而此刻，我们就在这浩荡清香里，绿了眼，静了心。

毕竟目的地是观顶湖，我们恋恋不舍地离开茶园，沿着盘山公路蜿蜒而上。经过玄坛殿水库和章圣寺附近的山坡时，看到这里栽种着很多桃树，桃花已然谢幕，绿叶开始占领枝头。越往上走，道路愈加狭窄而弯曲。至半山腰，我们的目光忽然被桃林下一片似有若无的紫雾所吸引。正待放慢速度细瞧，拐弯处接连窜出几辆下山的汽车。小心会车后，不敢再看风景。

想起上山前，曾在草地上看到过北越紫堇、小花黄堇，还有成片的鼠曲草，在山脚下看到过白衣胜雪的中华绣线菊、红花欲燃的杜鹃……但，桃林下这些淡紫色的植物是什么呢？所幸前方公路宽阔起来，而且山谷和路边的山坡上隐隐约约都是这梦幻般的紫。我们在拐弯处停好车，迫不及待地走过去看，原来是加拿大柳蓝花！

记得2017年4月第一次遇见此花，是在奉化。她们稀稀疏疏地长在路边的土坡上，柳条般纤细的植株在微风里摇曳，上端开着一些淡紫色的花。这些花的尾部都有一根细长的小花距。五片花瓣中，有两瓣像兔子耳朵般竖起，其余则围绕着中间凸起的白色部分。全花舒展时如飞翔的风筝，微敛时更似翻筋斗的金鱼。同行的专家说，这是加拿大柳蓝花（*Nuttallanthus canadensis*），在浙江分布稀少。那次初见，只觉柳蓝花有一种自带仙气的婉约与清雅。

不料，今天竟会有这样一场盛大的邂逅。远远望去，高高低低的桃林下，缥缈的淡紫色随着山势绵延，如云似雾，如梦似幻。走近观赏，发现不少

花茎垂首而立、水珠点点，花瓣晶莹剔透，那轻盈的淡紫，泫然欲滴。较上次所见，今天的柳蓝花多了一份带雨的清愁和不胜凉风的娇柔。我看着这些花儿，心里涌起那么多美好的感受，末了，却只是词穷地感叹："太美了！"

爬上山坡，踮着脚走进花丛，想靠她们近一些，再近一些。我们朝着前方一大片浓密的紫雾走去，近了，却发现更浓密的紫雾还在前方。然而不经意回头，却发现刚刚走过的地方正如仙境。想起韩愈描写早春时的诗句"草色遥看近却无"，此刻的柳蓝花，花色遥看近却疏。

我们一次次蹲下来，对准这一朵，又对准那一丛，想把她们的美拍摄下来，可是，"除蛇草深钩难着"。是的，每每去看花，总是情不自禁地绕着花儿们一拍再拍，可拍来拍去，总觉得还不能充分展现她们的美。而柳蓝花，似乎尤其如此，拍的总不如看的美。如果说，之前在茶园时，我们还记得此行毕竟是有目的地的，待看到这一大片柳蓝花时，我们瞬间"沦陷"，完全放弃了初衷。看了很久，拍了很久，不知不觉已近中午。我们一边互相招呼："不拍了，走吧。"可是，眼睛却不肯离开，人也像着了魔，转过身，走几步，又开始拍。终于下得山来，才惊觉刚才只顾在柳蓝花中穿行，鞋袜和裤管儿几乎湿透了。

网上关于加拿大柳蓝花的图片和文字资料极少。目前最权威的，当属中国知网《浙江农林大学学报》2012年03期的相关论文记录，概述如下：加拿大柳蓝花，紫色或蓝色，为1至2年生草本。全体无毛，茎直立，高20至60厘米，花期4至7月，果期7至9月。原产于加拿大、美国、日本，中国浙江有归化（即驯化植物，不同于外来入侵植物），但入侵途径与来源均不明，有可能为花木引种时带入。此外，当时只注明在浙江奉化溪口、永康发现。多年以后，加拿大柳蓝花的分布也更广了吧。

加拿大柳蓝花为玄参科，细柳穿鱼属。据说在台湾地区，加拿大柳蓝花也称加拿大柳穿鱼。清陈淏子在《花镜》中描述，"谓之柳穿鱼者，以其枝柔叶细似柳，而花似鱼也。"

如此种种，皆重于细节。而我印象最深的，却是其成片生长的风姿和漂洋过海的传奇。正所谓：

亭亭林下立，淡淡紫花开。

纤若尘无染，飘然北美来。

球果假沙晶兰

空谷幽境小精灵

2019 年"五一"的刷山之旅，目标是一种神秘而罕见的珍稀腐生植物——球果假沙晶兰（*Monotropastrum humile*）。

节前，甬派客户端梅子满老师打来电话，说他们平台节日期间要推出《五一纪事·寻山趣》栏目，希望带着读者一起体验博物的艰辛，感受山间的乐趣，聆听大自然的心跳。他建议我和林海伦、大山雀两位老师各领一天队，甬派记者随队直播。我欣然从命。

林海伦的主题是一条物种丰富的古道，大山雀的主题是云锦杜鹃，而我的主题是啥呢？想着这个客户端有 300 万订阅用户，如果物种太普通了，实在对不起它的影响力。

忽然想起当下正是球果假沙晶兰的花期，于是就确定以它为主角。这种植物虽在我国东北、西南以及湖北、福建和台湾均有分布，但因其对环境要求极高，故平时难得一见。在宁波，也仅有鄞州、宁海两个分布点而已。因去年和庄主一起探访过，有一定把握找到它们，但也有可能落空。为确保直播效果，决定和三哥先去探探路。

　　再次来到鄞州东部那条熟悉的古道。与各处景区汹涌的人潮相比，这里简直就是世外桃源。一路流水潺潺，到处新绿满眼，少有游人行走，可谓鸟鸣山更幽，花开真自在。有"风车茉莉"美誉的络石，正爬满巨石，挂在树间，紫花系的夏枯草、韩信草、大蓟、还亮草在路边摇曳，白花系的江南越橘、白檀、野芝麻、软条七点缀在山间，常春油麻藤、海金子、闽槐、云实也花开正好。

　　我和三哥先来到去年发现单株球果假沙晶兰的区域，在崖壁陡坡之间细细搜寻。欣喜的是，在同一个地方，球果假沙晶兰又长出来了，还是那么孤零零的一株！遗憾的是，植株已经发黄，即将枯萎。我们于是脱鞋脱袜，涉水过溪，回到正路，继续前行，希望在其他地方有新发现。一边走路观景看花，一边睁大眼睛探照灯般向林间树下搜寻。大约一小时后，终于有了新的发现。

　　在一个距离大路十几米远的缓坡上，忽然看到一小丛白色的"小海马"，正静立于枯枝落叶之间。啊，那不正是我们要找的球果假沙晶兰嘛。于是三步并成两步，来到这群晶莹剔透的假沙晶兰旁边。这是一群刚刚出土不久的植株，花冠口还很紧致，三哥数了数，共有15棵，有两棵还被虫子咬断了。

后来，在不远处拍摄江南越橘那美丽的小铃铛时，又发现一个分布点，两处共6棵，均刚刚出土，有的花苞还没打开。有了这两处发现，我们感到无比轻松，直播终于没问题了。若再有新发现，就是额外的收获了。

于是又走入一条人迹罕至、枯叶堆积的溪边小路，三哥去年曾在此区域遇见五步蛇。此刻我们心里有点慌兮兮的，但又被前面的未知世界所诱惑，决定继续前行。一路小心翼翼，四处张望，每走几步，就往前面扔几根枯枝问路，如盲人般打草敲地前进。来到一个溪流交汇处，在对岸一个大约45度的斜坡之间，再次看到一丛球果假沙晶兰。它们如莹白色的小精灵，在寂静幽暗的林间散发着神秘的魅力。

我们兴奋不已，跨过激流滑石，小心攀缘到假沙晶兰附近。这一丛大约十株，花冠口张开了很多，一圈雄蕊也散开了，显然是开好几天了。虽然没有第一丛新鲜，但生长位置很好，尤其适合拍照。因为假沙晶兰总是低着头，不趴在地上往上拍，很难拍到它们花朵正面的模样。而斜坡自下而上的角度，正好让我和它们来了一个面对面，留下了几张颇为满意的图片。

作为植物界突破植物经典定义的一种特殊类群，球果假沙晶兰的植物体无叶绿素，不能进行光合作用，不能自己制造养分。但它们也不同于寄生植物，植物体独立，不需要依赖寄主，是一种腐生植物。它们的根部在菌丝的帮助下，形成菌根，可吸收枯枝落叶间的可溶性有机物作为养料，从而完成整个成长、开花、结果的生活史。地上部分枯萎之后，来年可以在菌根之上再长出新植株来。当然，前提是生境没有被破坏。

因其奇特的外形和阴暗的生境，球果假沙晶兰被蒙上了一层神秘的色

彩，甚至被人冠以"冥界之花"的外号，这都是因为对其不了解。解剖一下被虫子咬断的那根植株体就能发现，除了不能进行光合作用，球果假沙晶兰和其他植物的构造基本类似，并无神秘之处。

球果假沙晶兰构造很简单，一茎一花而已，看起来如同一根"水晶烟斗"。茎上的鳞片就是它的叶子，"烟斗"部分是它的花。花的形状被雌蕊所确定，子房及柱头一体的雌蕊，形似一个"保龄球"，顶部铅蓝色、漏斗状的是柱头，8至12根有粗毛的花丝，像丝络袋一样包络着"保龄球"，黄黄的花药在柱头四周细细密密围成一圈，最外面透明的花瓣，再将花丝包了一层，这就是花朵的结构。果实成熟之后，"保龄球"下部会膨胀成一个大肚球状，这就是名字中"球果"的来源。

它的名字到底是球果假沙晶兰还是球果假水晶兰？在《宁波珍稀植物》一书中，名字是球果假沙晶兰，但是在《中国植物志》里却是球果假水晶兰，到了 CFH（中国自然标本馆）之中，球果假水晶兰是异名，球果假沙晶兰才是接受名。这是怎么回事呢？

在中国知网查了一些文献后才知道，原来作为独立种的大果假水晶兰、毛花假水晶兰与球果假水晶兰合并了，前两者作为球果假水晶兰的变种处理，科也从鹿蹄草科变成了杜鹃花科。而球果假水晶兰和球果假沙晶兰，属于异名同物，且球果假沙晶兰发表在先，按照国际植物命名规则，名字就变成了球果假沙晶兰。

植物分类学家把这些名字拆开来、并进去，忙得不亦乐乎，而有些文献又没来得及修改，可真把我们这些业余爱好者弄得晕头转向，为了确定名字，起码多费三四个小时。不过，作为普通观花人，咱们倒也不必太在意这些纷纷扰扰，叫它们球果假水晶兰，也不算错，毕竟《中国植物志》是这样记载的，而且它们确实长得像水晶一样美丽，谁知道那"沙晶"是个啥玩意呢？没听清楚的，还以为是在说"纱巾兰"呢。

山莓

寻常野果岁月深

2018 年 5 月 6 日，星期日，下午送女儿返校后，我们驱车来到东钱湖畔的福泉山下，在那里盘桓了两个小时。

初夏的山谷，虽然没有了春天的姹紫嫣红，但满眼深深浅浅的绿，洁净而清新。那些春日里我们曾自由如风地穿行过的小径，此刻都掩映在两旁繁盛的杂草树木中。如果说春天总是带给人"无边光景一时新"的惊喜，那么初夏最触动人内心的，莫过于"绿叶成荫子满枝"的生机了。

就在这葱茏的画卷里，我们突然看到了很多山莓（*Rubus corchorifolius*）。它们这里一丛那里一片地从茶树顶上冒出来。走过去细瞧，绿叶丛中点点红。一见之下，口舌生津。挑一颗红透的果子尝尝，那种不着痕迹又余味绵绵的甜，正是久违的童年滋味。一时间，恍如他乡遇故知，关于山莓的记忆纷至沓来。

故乡是个山清水秀的村庄。摘花采果，是孩子们最爱的游戏之一。山花开了，山果熟了，都逃不过孩子们的眼睛。

记得小学一年级时，课间休息，有人兴奋地发布消息说村边的那丛山莓熟了。男孩们撒腿如飞而去，女孩子也欢天喜地跑去。果然，山莓长长的枝条上垂着很多红红的小果子。大家先吃了几颗，又匆匆摘一些放在口袋里，马上往回赶。等我们气喘吁吁地跑到教室门口，发现因为迟到，男孩们已被老师拦下，正忍痛把全部"战利品"扔掉。我没等老师开口，羞怯地掏空了口袋，默默地回到座位上。口袋里依稀还有山莓被挤压出的果汁，而那残留在嘴里的清甜，已味同嚼蜡……现在想来，那应该是一次规则意识的启蒙。此后，班上的小伙伴们再也没有因为类似的事情而迟到。

眼前的山莓，一颗一颗，小小的，圆圆的。尚未熟透的，颜色微黄；而红得明艳的，轻轻一碰就会掉下来。

又想起八岁那年的一天，傍晚我和姐姐放学回家，家中空无一人。我俩无意中发现，邻居家屋后高高的土坡上长着一大丛山莓，因为人迹罕至，果子又大又红。姐姐提议，要是能把这些山莓摘下来，和劳作了一天的家人们一起吃，该多好呀！我连声赞同。可是山坡近乎垂直，爬不上去；我俩个子又小，"叠罗汉"也够不着。最后我们灵机一动，找来一根竹竿，一碰枝条，那些果子就纷纷落到我们摊在地上的衣服里了。

山莓已备，只待家人。夜幕似乎迟迟不肯降临，家人们还没回来。姐姐看着满满一大碗山莓说，咱们一人先尝一颗，然后去做家务。大概是颇费周折的劳动所得，果子又大，我只记得那颗山莓特别甜。不料，过了一会儿，我俩都感觉嘴唇有点痒，忍不住揉一揉，竟肿起来了。这是我们极为有限的人生里从未经历过的！我和姐姐相视而笑，笑过之后又有些害怕。天色暗了，家人终于回来了，得知情形后赶紧帮着清洗消毒，所幸后来并无大碍。

我常庆幸地想，在那物资匮乏的年代，父母却培养了我们良好的分享习惯，如果我俩吃完了那些山莓，会不会被"毒"倒呢？

从此对于同类的果实，我多了一份忌惮和谨慎。譬如遇着桑葚、杨梅、

草莓等，如果没有冲洗，不敢任性尝鲜。后来慢慢长大，离家上学，再后来远离家乡工作，很少再见到山莓。但，山莓始终是沉淀在心底的一段特别记忆。

想起去年4月底的一天，我们晨跑归来，路过汪弄社区，惊讶地发现一面围墙顶上竟然长着一排蓬藟，那一颗颗向上举着的红果蔚为壮观，像在宣告这是属于它们的季节。蓬藟和山莓都是蔷薇科悬钩子属，果实的形状和味道相似。之后的周六傍晚，夫妇聊发少年狂，带着果盒和楼道里的一架小梯子前往，准备去摘些蓬藟，让女儿也感受一下我们的童年。没想到果已被摘光，我们无功而返。

失之东隅，收之桑榆。此次在福泉山下重逢，回味的不仅是山莓，更是人到中年山长水阔后的如烟往事了。

风兰

仙姿绰约风前舞

昨日入夏，但从花季来讲，其实入夏已久。

也许是阳光充足、雨水偏少的原因，2018 年的物候比往年提前了半个月左右。立夏代表花——蔷薇和楝花，现已开完，而 6 月才会开的荷花玉兰，诱人的清香正在街头巷尾飘荡。今年的春天这样让人措手不及，好多花还来不及细赏，就已结束了花期。

4 月中旬曾和三哥、庄主一起拍过风兰（*Neofinetia falcata*）。那时只看到它们黄绿色小蝌蚪般的花苞，而且当时没带长焦相机，没拍到几张好照片。现在半个月过去了，花还开着吗？于是周六起了个大早，冒雨驱车 30 公里，专程再探风兰。

到了现场，抬头仰望，非常开心。但见高高树上的那一丛丛风兰，虽然有些开败了，但仍有不少花在，这种有着又细又长花距的花朵，辨识度特别高。新鲜刚开的，洁白如玉，而开到后期的，花朵已经变黄，这种变化规律，和金银花基本一致。大树的枝丫之间，好像有一群群拖着长长尾巴的黄、白精灵在风中跳舞，非常动人。

风兰是兰科风兰属多年生草本植物，是一种附生兰。风兰对环境的要求很高，只选择一些空气良好、水汽充沛的地方生长。它们多附生在枫杨、枫香、银杏等一些上了年头的大树树干之上。这些落叶树种，对于风兰而言，冬天无叶可晒太阳，夏天绿叶可供遮阴。风兰发达的气生根，紧紧抓在树干之上，根茎几乎和树皮融为一体，估计九级台风都吹不走它们。庄主期望能在树下捡到风兰的愿望估计是不可能实现了。

风兰的叶片四季翠绿、肥厚刚劲，且花形独特、气质不俗，更兼花期长，并有一股独特的甜香，属于兰花之中赏花观叶闻香的上佳品种。故此花是我国和日韩等东亚国家很早就栽培的一种兰科植物。在园艺技术发达的日本，此花被称为"富贵兰"，栽培品种很多。

我国明清时期的专业典籍中，早有对风兰的记载。清康熙年间，内阁学士汪灏等人在明王象晋《群芳谱》基础上编辑的《广群芳谱》，对风兰记载就很详细：

> 风兰，产温台山阴谷中，悬根而生，干短劲，花黄白似兰而细。不用土栽，取大窠者，盛以竹篮或束以妇人头髻、铜铁丝，头发衬之，悬见天不见日处，朝夕噀以冷茶、清水，或时取下，水中浸湿又挂。至春底自花，即不开花，而随风飘扬，冬夏长青，可称仙草，亦奇品也。最怕烟烬。一云此兰能催生，将产，挂房中最妙。

此条记录信息量很大，首先提到温州台州的山阴谷中有分布，比较符合《中国植物志》列出的在浙江松阳、普陀、台州等地有分布的记录。此条还提及风兰如何栽培管理、欣赏等，写得比较精彩。

清朝吴其濬被誉为中国科举历史上唯一的状元科学家。在他的皇皇巨著《植物名实图考》中，对风兰的记载则稍异于前者：

> 风兰产闽粤，江西赣南山中亦有之，一名吊兰。根露石上，茎叶向下，倒卷而上，高四五寸，扁叶长二寸许，双合不舒，五月开花似石斛，瓣与心均微似兰而小，以竹筐悬之檐间，得风露之气自生自开，或寄生老树上。

吴其濬的视野更加开阔，他看到的分布地更广，而且对植物的描述也更加简明扼要，已接近现代植物志的叙述了。不过，从现代植物学的研究成果来看，风兰的分布地域，除了闽粤浙赣，甘肃、湖北、四川、云南等很多地方也有分布。

因为长期的开发和采挖，目前野生的风兰已经非常稀少，进入濒危状态，这次能够看到风兰，实属不易。

红花温州长蒴苣苔

寻芳峭崖边

我们的车驶过一段山路，在满眼绿意中停下来。

微雨如烟，远山若梦。四周一片静寂，风带着草木温润清幽的气息，轻柔地吹度过来，让人神欢体轻。做客山中，有着种种妙处，正如徐志摩所言，"就这单纯的呼吸已是无穷的愉快"。

去山中看花，更有一份期待和欢喜。不过，"花开得正好，我来得正巧"，是一份机缘。很多时候，因为各种原因难免错过花期，或者还需耐心等待，适时探看。就如这种长在峭崖上的花——红花温州长蒴苣苔（*Didymocarpus cortusifolius. f. rubra*）。

我起初并未记住这串长长的花名，只是对它的生境颇为好奇。一直觉得，深山的花，自有一种隐逸的气质和寂寂的禅意。尤其是峭崖上的花，它们安静地生长着，你来，或者不来，它们都在那里，"涧户寂无人，纷纷开且落"。

站在山脚下，依稀望见青褐色的崖壁上有一团轻盈的粉紫色！这惊鸿

一瞥，令人心动。

我撑了伞，四处张望。路边有一堵高高的石墙，大概是为了防止山体滑坡而修建的。

收起伞，来回察看石墙地形，最后灵机一动，选择了一处有棵小树的地方。我抓住树干，一只脚踩住石墙上的一个凹处，另一条腿用力攀上去，整个人几乎趴在湿漉漉的石墙上方……我居然成功地翻上了石墙！接下来，信心大增，循着"之"字形的方向，借助各种树干和枝条，手脚并用地向前。这几乎是一次真正意义上的"爬"山了！我怀着胜利的喜悦到达峭崖下，恍若回到了年少轻狂的旧时光。

这是一处十多米宽幅的直立崖壁，西侧底端、东侧正中各有一个扁长的洞穴，最高处可供几人席地围坐，使人生出"神仙居处"的遐想。我站在崖壁下仰头望，终于看清崖壁上其实生机勃勃，有密布的苔藓，还有点缀其中的爬山虎、卷柏等植物，甚至还有一片大花无柱兰。

崖壁东侧，有几丛红花温州长蒴苣苔。它们叶片近圆形、叶缘浅裂，叶脉凹陷，使得叶面有沟壑纵横的立体感。宿存的蒴果较长，这也是名字中"长蒴"的由来。其中一秆茎上密被柔毛，在几个花骨朵儿中，开出了一朵粉紫色的花。

崖壁西侧，也有一大片红花温州长蒴苣苔。此刻，它们叶上的雨珠无声地滴落在苔藓里。静静地看着，仿佛时间也慢下来了。孟浩然的"竹露滴清响"，也正是这般意境吧。

有过这样独特的看花经历后，我很想知道花名的由来。后来查资料得知，温州长蒴苣苔，是苦苣苔科长蒴苣苔属，花冠白色，因模式标本采自温州而得名。而红花温州长蒴苣

苔，为"宁波市植物资源调查与数据库建设"项目组调查发现的新变形，花冠淡紫红色，是浙江特产，产于新昌、诸暨、仙居、磐安，见于宁波鄞州、奉化低海拔的山地沟谷阴湿岩壁上。

想象盛花时节，那峭崖上该是多么柔美而清寂呀。红花温州长蒴苣苔，从此成为我心里的又一朵花。

石榴

五月榴花照眼明

时序进入 5 月，新绿满眼，有子初成，一年内的大规模花事，算是要告一段落了。此时城内开花的常见木本植物，似乎不多。掰着指头算算，三五种而已，且以开白花的居多。

早一点的，是那些丛植成片的重瓣溲疏，白花满枝，一时胜雪；花似荷花大的广玉兰，已经绽放一段时间了，路边高树的宽叶之间，依然可见白鹭似的朵朵大花；花期绵长的夹竹桃，近日也集中盛放，白花花开成一大片。以上之外，5 月最娇艳的木本植物，当属石榴（*Punica granatum*）了。

石榴是一种不错的观赏植物，花萼、花瓣皆有可观之处。

其花萼十分厚实，含苞时像一个个红色的小金瓜，妥妥地保护着花蕊和花瓣。花萼微微绽开时，则会露出里面层层卷卷红绸般的花瓣。等到花瓣脱落后，充分张开的萼片，则又状如六角之星，十分可爱。

当然，石榴花各部位中最著名的，还是其花瓣，色有石榴红，衣有石榴裙，皆为人们耳熟能详的固定用语。花也看不清瓣数，只见薄薄的红红一团，从花萼中吐出、延展的样子，像一束束红巾，更像一件件永远也烫不平的

褶皱红裙，在绿叶之间十分惹眼，故韩愈有"五月榴花照眼明"之名句。

石榴，古名安石榴，明代李时珍曰："榴者，瘤也，丹实垂垂如赘瘤也。""榴"意好理解，是从果实形状来说的，那"安石"又何意呢？

李时珍转引了两种说法：一种来自晋人张华的《博物志》，"汉张骞出使西域，得涂林安石国榴种以归，故名安石榴"。安石国在今天的伊朗及其邻近地区。另一种说法来自南北朝贾思勰的《齐民要术》，"凡植榴者须安僵石枯骨于根下，即花实繁茂。则安石之义或取此也"。

个人认为，张华的观点应更可信一些。张华生于公元232年，曾官至晋武帝司马炎时期的中书令、司空，此时汉亡不久，他官位又高，文献或许更可靠。而贾思勰的《齐民要术》成书于公元533年之后，虽然他是杰出的农学家，毕竟又过了300年。故此认为，安石榴之名与安石国关系更密切一些。

石榴虽来自遥远的异域，时至今日，已成为我国大江南北常见之物。我们现在居住的小区，就配置了许多，有红、白两色，红花为主，白花偶见，又有单瓣、重瓣两个品种，重瓣不结实，不过，即使单瓣结实，也又小又酸，不堪食用。记得几年前去西安兵马俑博物馆参观，在景区入口处买过几个石榴，个头比成人的拳头还大，皮薄汁多味甜，这是南方所不曾见的，难道这种好吃的石榴只产在北方？以前住在海曙，还看到一种四季榴，一边开花，一边结果，花期绵延长达半年之久，作为观赏植物倒是不错。

石榴在传统文化之中有着非常美好的寓意。红艳欲燃的花朵，意味着生活红红火火；果实"千房同膜，千子如一"，暗喻多子多福。在一些传统砖雕、木雕之中，常可见葡萄及石榴的形象，就是体现这个意思。旧时有院子的人家，多喜欢在院落一角种上一棵石榴树，既可观花赏叶食果，又能表达美好的祝福，何乐而不为呢？记得2016年去余姚三七市陈布雷先生的故居参观，看到其院子里就有一棵大石榴树，挂果累累，不知现在安否。

在旧时北京，还有用"天棚鱼缸石榴树，先生肥狗胖丫头"之六大件来形容中上之家的俚语。天棚是夏天遮阴的，鱼缸表示年年有余，石榴代表红红火火多子多福，先生意为有钱延请西宾辅导孩子功课，肥狗胖丫头说明他们家生活水平不错，当然此处丫头是指用人，这是老北京有钱人家四合院的典型景象。石榴在中国人心中之地位，由此亦可见一斑。

《红楼梦》里，元春的代表花是榴花，她的判词"二十年来辨是非，榴花开处照宫闱。三春争及初春景，虎兕相逢大梦归"，暗示了她的命运。在三十一回，曹雪芹还借湘云与翠缕之口，用石榴花来隐喻元春封妃给贾家带来的荣耀。翠缕道："他们那边有棵石榴，接连四五枝，真是楼子上起楼子，这也难为他长。"史湘云道："花草也是同人一样的，气脉充足，长得就好。"

此处"楼子上起楼子"，是一种夸张说法，植物学上并无花上长花的情况，有重楼之名的七叶一枝花，也只是一层花而已，石榴更无此品种，此句无非是说重瓣石榴花开得花团锦簇而已。但其背后之含义，应指元春封妃之于贾家的意义，这是继宁荣二公封爵之后家族的第二次荣耀高峰，从此之后就盛极而衰了。从这些细节，亦可以看出曹雪芹植物知识之丰富，《红楼梦》情节构思之巧妙。

在自然的世界里，一季有一季的美好。"微雨过，小荷翻。榴花开欲然。"这是苏轼眼中的春末初夏景象。时光流转到5月末，石榴树上树下，变化很大，树上渐渐红稀绿暗，而树下，已是落英满地一片狼藉，又一年榴月要过去了。

灯笼树

括苍山巅美丽仙

在世界植物界，一提到我国独有的"植物活化石"水杉，人们总会想起中国现代植物学奠基人胡先骕先生，他不但和郑万钧教授一起发现和命名了这一轰动世界的古老植物，还撰写了大量文章来科普水杉在植物分类学、植物形态学和古生物学中的重大意义，水杉也因而走出川鄂深山被广泛种植，成为家喻户晓的著名植物。

而在"拈花惹草部落"，说起人见人爱的杜鹃花科吊钟花属的灯笼树（*Enkianthus chinensis*），可能大家都会想到群友阿珠。虽然灯笼树广泛分布于我国长江之南的多个省份，但相关介绍文章却寥寥可数，这其中就有阿珠的美图美文。她的微信公众号"阿珠的小木屋"有多篇文章介绍过灯笼树。阿珠不遗余力的广而告之和高超的摄影技术，将灯笼树之美展现得淋漓尽致，而她本人也成了群友们眼中的括苍山草木大使、灯笼树代言人。从 2016 年冬天开始，花友们就一直念叨，要在来年盛花之时，集体去括苍山看灯笼树。2017 年 5 月起，阿珠一直实时播报灯笼树生长情况，并确定了 5 月 13、14 日或 20 日的最佳赏花日期。

　　5月13日，正值周六，天朗气清，惠风和畅，我们探花先遣部队一行五人，从宁波出发，驱车三个多小时，来到了传说中的括苍山巅，一偿夙愿。在阿珠的精心安排下，我们在山顶小饭店后面的一个悬崖峭壁边，很轻松地看到了朝思暮想的灯笼树。此时花开正盛，阳光正好，终于在其最美的时候遇见了它们，幸何如之！大家顾不得长途疲倦、腹内空空，围着这棵灯笼树，或远或近，或仰或俯，或跪或趴，拍摄了大半个小时，留下了它们各个角度的美丽。

　　细察这棵灯笼树的生境，不禁心生敬意！它利用巨石之间的一点空隙，把自己的根牢牢扎在悬崖峭壁之间，任凭风吹雨打，依旧生机盎然。其树叶轮生于枝顶，向上收拢成碟形，估计是为了方便收集雨水。十几朵一束的小灯笼花，优雅地垂于叶下。细品灯笼花之美，让人颇为震撼。但见黄绿打底、竖纹红晕点缀的小灯笼，高高低低簇簇拥拥挂满在碧叶之下，吊钟的形状是那么精致玲珑，颜色搭配是那么妥帖自然。微风吹来，铃铛轻摇，充满了韵律之美，让人不得不佩服造物之神奇伟大。

　　在之后的刷山过程中，我们又多次遇见灯笼树，同样生于崖壁之上、巨石之间，或小乔木高高举向天空，或大灌丛遒劲扎在地面，都是花开满树、铃铛串串，也终于让我们对灯笼树之美产生了免疫力。为何括苍山灯笼树如此

之多，而宁波距离临海如此之近，却未见灯笼树呢？请教同行的林海伦老师，他说可能是因为海拔关系。据《中国植物志》载，灯笼树生于海拔 900 至 3600 米的山坡疏林中，而宁波海拔超过 900 米的山峰并不多，有海拔的又不一定有合适的生境。还有一个可能是和纬度有关，也许临海就是该树在浙东的分布北缘，也许距临海最近的宁海也有分布，只是我们尚未发现而已。

　　我想，宁波能发现灯笼树，当然最好。宁波没有，去括苍山赏花也不错。这次如果不去括苍山，怎么会有机会面见 Mouse、阿珠、如兰等花友，又怎么能在括苍山欣赏到那么多独特美丽的有趣植物呢？走出去，总会有收获的，植物资源十分丰富的括苍山尤甚。

开
季
花
四

夏

夏
Summer

木荷

初夏花又开

2018 年 5 月的宁波，凉热交替，晴雨更迭。中旬，突如其来的骄阳让人以为盛夏来得这么急，但接下来的日子却是热中带着凉，凉里透着暖。

邂逅木荷花开，就在这舒适怡人的初夏。

23 日清晨，出单位大门，沿着石径去宁波博物馆前的树林里散步，忽然发现一棵开花的木荷（*Schima superba*）。这棵木荷，树皮纵裂成不规则的块状，树干粗大挺直，然而并无旁枝斜逸，只在被斩断的顶端，长出浓密的树冠。白色的花瓣、金黄的花蕊，旁边还有小汤圆似的花苞，形成总状花序。这些花在革质、锯齿状的绿叶衬托下，格外清雅秀丽。

在城市遇见木荷，已有一种"原来你也在这里"的惊喜，更何况，又见木荷花开！只是，花那么高，可望而不可即。我绕着树转了几圈，眼睛搜索着那些小花，感觉自己像《伊索寓言》里那只吃不到葡萄的狐狸。幸运的是，我发现这里其实有一排木荷，树形都和这株相似。其中一株木荷，树冠上的花开得热闹而鲜明，草地上还有飘落的花朵，正可一亲芳泽，真是花遂人愿。

与硕大芬芳的荷花玉兰相比，木荷花形小巧精致。落花的五个花瓣内，有一丛长长短短的雄蕊，中间的雌蕊还留在树上。我细嗅落花，惜无香味。

有人说木荷名字的由来，是因为其花如荷，对此我不敢苟同。我觉得，真正像荷花的，无论花形还是幽香，当属荷花玉兰。木荷有不少别名，何树、柯树、木和等。清代吴其濬《植物名实图考》称"何树"，并对此名有"何氏之僧所手植欤"的猜测。想象古人如果站在树下聊天，一定很有趣，其一人曰："此为何树？"另一人答："此乃何树。"老家方言中也叫"何树"，只是我一直以为是"荷树"。也许"木荷"之"荷"，正是由"何"辗转而来？

木荷是山茶科木荷属，除了颜值很高，还是中国珍贵的用材树种，且叶、根、皮都有药用价值。尤其值得一提的是，木荷含水量大，燃点高，不易燃烧，具有很好的防火功能，其木质坚硬，再生能力强，即使头年过火，第二年也能恢复生机。

据了解，一条由木荷树组成的林带，就像一堵高大的防火墙，能将熊熊大火阻断隔离。木荷还能抑制其他植物在其树下生长，形成空地，可从低处阻隔山火。宁波天童森林公园的防火道两旁，就有不少木荷。"都靠后，让我来！""野火烧不尽，初夏花又开。"面对火神，木荷自有一种横刀立马的英雄气概和凤凰涅槃的坚韧气质。

花开堪赏直须赏，莫待无花空叹息。自从发现了宁波博物馆前的这些木荷，生活又多了一分好奇与期待。后来的几天，木荷花进入盛放期，我总在清晨去探看。几场夜雨过后，栀子花、荷花玉兰还在此起彼伏地盛开，而木荷已是一地憔悴和凌乱，就连树上的花，也褪去了昔日的光彩。周六路过宁波儿童公园，发现湖边的一棵木荷也同样是繁花落尽，独留雌蕊"女王"在枝头追忆似水流年。

木荷在宁波的山野、村头较为常见。与这些"移居"到城市的木荷不同，那些木荷有着枝繁叶茂、自由舒展的风姿。我们曾在福泉山的路边多次看

到木荷，8月时结着绿色的扁圆球形的蒴果，次年2月成熟的蒴果五瓣裂开，均匀得无懈可击。它们的种子轻薄如纸，御风而行，繁衍生息。

5月27日下午，送女儿返校后，我们去探访咸祥镇芦浦村。沿着静谧的林间小道，伴着淙淙的溪涧水声，一草一木，自有可爱。到芦浦水库后，试着从另一条陌生的山路下山。巍巍群山、霭霭雨雾中，手机早已没有信号，我们踏着松软潮湿的山路，迷茫地转过一个弯，再转一个弯。夜色渐浓时，终于看见了远处的村庄。

就在此时，路边出现了两棵高大的木荷，满树葱茏，花苞点点。行色匆匆的我们，不由得精神一振：方恨花尽无觅处，始知转入此中来！

射干

周日早上，在鄞州湿地公园晨跑。又一次路过桥边那丛射干，忽然发现两周前橙花似蝶的它们，已经花褪残红了。如长灯笼椒般的绿色蒴果，赫然在枝间轻轻摇曳。

长沟流月去无声。时间正不舍昼夜地逝去，草木们却不曾辜负每一寸光阴，顺天应时，按着自己的生长节奏，进行着种族繁衍的接力赛。

射干（*Belamcanda chinensis*），鸢尾科射干属，该属全世界只有两种，我国产射干本种。这是一种在中华古老典籍中经常出现的有趣植物。世间万物，岁月既久，传说颇多。人或草木，甚至山川河岳，莫不如此，射干亦然。

早在战国荀子《劝学篇》中，就有句曰："西方有木焉，名曰射干，茎长四寸，生于高山之上，而临百仞之渊，木茎非能长也，所立者然也。"

荀子是把射干作为"故君子居必择乡，游必就士，所以防邪辟而近中正也"的正面例子来叙述的。古人为文，喜欢就近取譬，射干能被写进文章，说明该植物比较常见且广为人知。

西汉中期的著名文学家刘向，有一组追思屈原的诗作《九叹》，其中有"掘荃蕙与射干兮，耘藜藿与襄荷"之句。此处之射干，和荀子用义比较接近，意思是说，品性高洁的荃蕙与射干被挖掉，而低下阴湿的藜藿与襄荷却被人培养，用以比兴朝纲混乱之际，小人当道，君子背时。

翻阅清人陈梦雷、蒋廷锡等人编纂的《钦定古今图书集成博物汇编草木典》，该书"射干"条目之下，引了晋人葛洪《抱朴子》的一段记载，非常好玩，姑且引来共赏。其书曰："千岁之射干，其下根如坐人，长七寸，刻之有血。以其血涂足下，可以步行水上不没；以涂人鼻以入水，水为之开，可以止住渊底也；以涂身则隐形，欲见则拭之。"

在葛洪的眼里，千年射干仿佛是法力无边的宝贝，普通人一旦拥有它的一点血，似乎可以成为神通广大的孙悟空，水上行走不会下沉，潜于水中能分开水路，涂在身上甚至可以隐形不见，真是太厉害了！当然，这是神仙家言，聊博一笑尔，当不得真。更何况，又到哪里去寻找千年成精的射干呢？

射干之古老，从其名字上亦可见一斑。此处射干之射，音为"yè"，而非"shè"，所以射干应念成 yè gàn，而不是 shè gàn，就如同汉代重要官职左、右仆射读 pú yè 一样。北宋年间一位百科全书式的学者，福建泉州人苏颂对此有一段解释，似乎可以讲清射干名字之由来。

其曰："射干之形，茎梗疏长，正如射人长竿之状，得名由此尔。而陶氏以'夜'音为疑，盖古字音多通呼，若汉官仆射，主射事，而亦音'夜'，非有别义也。"此处"射人之长竿"之"射人"，也许应指主持射箭礼仪的官员，故此"射干"之义，是否形容射干高茎开花的样子，有点类似于"射人"手中那挑着饰物的长竿呢？

射干还有不少别名，例如乌扇、乌翣、乌蒲、乌吹、凤翼、鬼扇、扁竹、仙人掌、野萱花、草姜、黄远等一大堆。

名字是一把钥匙，从这些别名之中，我们基本可以看出射干的主要生物特点。作为鸢尾科植物，它们都有一个共性，那就是叶子扁生，如扇面，如手掌，如羽翼，故上述前八个别名，都是形容这一特点的。其花六出，似萱花而小，故名野萱花。其根状茎为不规则的块状，须根多数为黄色或黄褐色，故草姜、黄远皆是指其根状茎而言的。

射干虽然古老，现今依然常见。在大江南北的草药园、植物园里，多半能见到。能流传久远，原因有二：

一则此草之根状茎为著名中药，味苦、性寒、微毒，能清热解毒、散结消炎、消肿止痛、止咳化痰，可用于治疗扁桃腺炎及腰痛等症。在医圣张仲景的《金匮要略》中，有一个经典的方剂，名为"射干麻黄汤"，是治疗咳嗽、喘息憋闷等病症的不二之选。故此，射干为药园常植百草之一，既可以收取药材，亦可供药学专业师生辨识之用。

二则射干橙花碧叶，清雅秀气，搭配巧妙，为园林不可多得之优质观赏花卉。其叶互生，嵌迭状排列，好似旅人蕉，具体而微，非常独特。花色橙黄，瓣有红点，简洁大方，明艳可爱。最有趣的是，此花凋谢之后，

宿存的花被片还会变形，把自己扭成麻花或者冰激凌的模样。不知那舒展绽放的花朵，是怎么做到这一点的。造化之妙，总让人惊叹。

根据《中国植物志》的记载，射干为我国广布植物，南北各地均有野生。射干的花期在 6 至 8 月，果期 7 至 9 月，华东一带倒是符合，华南常年气温高，似乎可以四季花开。

第一次注意到射干，是 2016 年 4 月在深圳仙湖植物园，其时已花开。2018 年 8 月在上海植物园，也看到了射干，此时正花果同在。2019 年 1 月在香港维多利亚公园，居然也看到了不少正在开花的射干。而鄞州湿地公园的射干，5 月开花，6 月已结出蒴果。看来南北温度不一，生境不一，射干开花结果的时间点也很不一样。

有一年 9 月去象山县南田岛寻找换锦花，在一个海岸边，邂逅了几丛野生射干，它们大绿扇般的叶子，非常惹眼。这些射干，生长在坚硬的岩石缝内，丛生的杂草之间，环境非常恶劣，而且还不时受到海上强风的侵袭，但在它们高高挺起的花葶之上，居然还开着好几朵橙黄色的花朵，让人非常意外，也让人肃然起敬。

这是第一次遇见野生的射干，忽然之间看到，好似故人一般亲切。与一种植物相处久了，每次换个地方再相见，总有一种老友重逢的感觉；认识的植物多了，便有朋友遍天下之感。我喜欢这种感觉。

夏蜡梅

玉洁冰清子遗种

自从喜欢上植物，总想再去闻名中外的杭州植物园看看，却一直未能如愿。2018 年 4 月 21 日，一个周六，应老朋友杭州读书岛发起人岳耀勇先生之邀，去浙江图书馆文澜演讲厅分享《茶叶大盗：改变世界史的中国茶》一书。一查地图，发现浙图和杭植居然近在咫尺。于是和"拈花惹草部落"的花友菟丝子、木香、三哥等约好，趁此良机来个杭植深度游。

问及杭植当季最红植物，对杭植熟稔于心的菟丝子说："无非珙桐（Davidia involucrata）和夏蜡梅（Calycanthus chinensis）。"珙桐号称"植物活化石"，那如白鸽翩然般的花朵，通过课本和各种图片，已耳熟能详。可对于夏蜡梅，却没有什么印象。在我的感觉中，一谈到蜡梅，仿佛总与寒冬腊月相连。脑海里浮现的，就是那开着满树蜜蜡般花朵且芬芳四溢的冬花植物。心里好奇：怎么还有夏蜡梅这样一种植物呢？

杭植坐拥城西湖山水之利，风景优美，物种丰富，加上有菟丝子和木香的热心指引，时隔 21 年再游杭植非常开心。我好似老鼠掉进了米缸里，看着各种奇花异草欢喜不已，照相机咔咔拍个不停，几乎都要忘记去看两

（张孟鲁 / 摄）

（张孟鲁 / 摄）

种当红明星植物了。中午快要离开时，终于来到青芝坞出口附近那几株一人多高的夏蜡梅旁。但见那一朵朵夏蜡梅花，雍容如牡丹，清雅似水仙，疏密有致地点缀在宽大的绿叶之间，恍若白衣仙子降临在森林王国。这花实在太仙了，其气质绝不在它的同科蜡梅之下。

夏蜡梅花形巨大，大小和金樱子差不多，足有一个小孩的巴掌那么大。这让它们在苍翠满眼的山间非常显眼，很容易就能被传粉者看见。所以，夏蜡梅不像蜡梅那样具有馥郁的芬芳，《中国植物志》描述：花无香气。它仅靠自己的颜色和外形，就足以招蜂引蝶了。夏蜡梅有一个别称是"牡丹木"，估计是根据其花形和花色来取名的。

颜色多变，构造奇特，也是夏蜡梅花惹人爱怜的一个重要特征。其花含苞之时，好似一个白色打底的玫红色小球。花朵慢慢打开之后，会发现夏蜡梅的花瓣分为两轮，外面一轮有十三四个花瓣，白中镶着粉，薄如宣纸，螺旋状着生于花托之上，围成一个张开的大玉碗。而玉碗中央，是十来片金黄色的厚厚内轮花被片，围成一个微微收拢的黄金碗。这个黄金碗的内部，就是植物学祖师爷林奈所说的植物们的"婚床"了，一群雌雄蕊在两层大碗的呵护之下，进行着繁衍种族的重任。

从科属来说，蜡梅科很小，只有2属5种，2属为蜡梅属和夏蜡梅属，似乎是以开花季节来分类的。蜡梅属有蜡梅、山蜡梅、柳叶蜡梅和浙江蜡梅4种，这些都是秋冬季开花的品种。而夏蜡梅属，在我国只有夏蜡梅1种，有些地方如庐山植物园，还引种了美国蜡梅及其变种光叶红，都是夏季开花，且均为花叶同放。

探寻夏蜡梅的前世今生，会发现这是一种极不寻常的植物。20世纪60年代初，夏蜡梅在浙江西北部山区的临安顺溪坞被发现，轰动了国内外植物界。著名植物学家郑万钧和杭州植物园章绍尧先生于1963年将其作为新种发表，先是把它置于美国蜡梅属下，后来基于花部特征与美国蜡梅属存在极大不同，郑万钧先生主张将其单立成属，定名为夏蜡梅属，为我国特有属和特有种，颇具特殊分类地位及系统进化研究价值。和水杉的发现与命名一样，夏蜡梅的发现也是新中国成立以来我国植物学获得的重大成就之一，而这都有郑万钧教授的贡献，真正让人佩服。

夏蜡梅为第三纪孑遗植物，被列入国家二级珍稀濒危植物。所谓孑遗植物，也称活化石植物，大部分因地质、气候变化而灭绝，只存在于很小的范围内，如银杏、水杉、红豆杉等。这些植物保留了其远古祖先的原始性状，且其近缘类群多已灭绝。具体到夏蜡梅来说，其天然分布非常狭窄，仅间断分布于浙西北临安和浙中东部天台等极狭小的区域，分属"临安种群"和"天台种群"。后来在安徽绩溪和浙江安吉陆续有新发现，但均属"临安种群"。2018年3月20日，有报道称东阳也发现了夏蜡梅野生种群，基本可归入"天台种群"行列。

因为夏蜡梅特殊的研究价值和优美的花形，再加上其外形可塑性高，可以任意修剪和变化，是很好的盆栽母本花卉，同时也可作为园林绿化的灌木层花卉，一时成为国内外引种的大热门。据临安林业局徐荣章及昌化林场张宏伟等老师统计，近十年来，仅昌化就有20多个省市前来引种夏蜡梅，并往东南亚输出了10万多株苗木。

但据上海园科所高级工程师陈香波介绍，因对夏蜡梅生理生态习性不够了解，国内很多地方引种后成活率较低、植株生长不良。截至目前，国内只有少数几个植物园引种成功且生长良好。作为我国特有的野生珍稀花卉，夏蜡梅多年来还"躺"在浙江的深山中等待被开发。要看夏蜡梅，去原生地毕竟不方便，最佳观赏地还是杭州植物园，这里有200多株夏蜡梅。

我们非常有幸，在夏蜡梅花开得最好的时候遇见了它们。

使君子

小儿良药变色花

2018 年 7 月底，成都出差。返程之前，还有一两个小时，浪费可惜，听从花友小美的建议，顺道去川大华西医学院药用植物园逛逛。

植物园位于华西坝的原华西医科大学。此间建筑多为 1910 年成立的教会学校华西协合大学（West China Union University）之遗存，中西合璧，古色古香，校园内树木参天，典雅宁静。在学校标志性建筑钟楼附近，有一片粉花碧叶的荷塘，塘边有一排高大的银杏树，枝叶低垂，仿佛在和荷花轻语。荷塘南边有一排紫藤长廊，廊下很多老人带着孩子在乘凉、小憩、嬉戏，场面非常温馨。

就在这片长廊的外侧，忽然看到一片使君子（*Quisqualis indica*）。它们有着细长花筒的簇簇白花、粉花、红花，错落有致地点缀在绿叶之间，在少花的夏日，特别引人注目。凑近一嗅，还有一股淡淡的幽香。此花在宁波也有生长，第一次遇见是在慈溪的大桥生态农庄，再见此君则在天宫庄园的温室植物园里，都是高高悬挂于高架之上或大棚之顶。这次能如此近距离观赏，倒也是赏心乐事一件。

　　在嵇含的《南方草木状》里，使君子又名留求子，为使君子科使君子属科属长。《本草纲目》记载："俗传始因潘州郭使君疗小儿，多是独用此物，后来医家因号为使君子也。"

　　有人见到"使君"二字，立马想到爱哭的刘使君玄德公，还杜撰其子阿斗因误食此物而病愈的故事，刘备到四川很快称帝，再用"使君"之号不是贬低他吗？故为无稽之说也。此处"使君"就是郭医生的大名也未可知。另外，"潘州"到底在什么地方，也有争议，一说是四川松潘，另一说为广东高州。查了一下四川松潘，在今阿坝州，海拔1080至5588米之间，使君子喜高温多湿气候，不耐寒，不耐干旱，在这样海拔高、温差大的地方，估计生长不会那么好；而高州所在的茂名，正是使君子的主产地之一。

　　使君子治疗小儿部分疾病，具有特效。据《本草纲目》记载："凡杀虫药多是苦辛，惟使君子、榧子甘而杀虫，亦异也。凡大人、小儿有虫病，但每月上旬侵晨空腹食使君子仁数枚，或以壳煎汤咽下，次日虫皆死而出也……此物味甘气温，既能杀虫，又益脾胃，所以能敛虚热而止泻痢，为小儿诸病要药。"

味甘而杀虫益脾胃，是使君子最为人所称道之处。有过育儿经验的人都知道，给小孩喂药实在不是一件容易的事情。传说中，郭使君发现此物之药效，就是在炒制干燥过程中，其孙循香而来，吵着要吃，偶然发现了驱虫之奇效。

记得我们小时候吃的驱虫良药是宝塔糖，查了一下成分，并没有使君子，其主要成分是山道年蒿，《中国植物志》中的名字是蛔蒿（*Seriphidium cinum*），其主产地在西北、华北和东北等地。不知什么时候起，蛔蒿渐渐替代使君子而一统天下。

使君子不仅是小儿良药，更是藤本美花，而且是一种会自动变色的神奇美花。使君子含苞之时，花筒细长，顶上小苞白中透绿，颇类丁香。使君子开花的时间段，和野茉莉接近，大致在黄昏天黑之后，花初开时白色，至第二天淡粉色，至第三天则深红矣，三天之内三种颜色，一簇之间红白间杂，十分神奇。

细细观察还会发现另一个神奇变化，花朵在不同阶段，朝向也不一样。花苞及初开之白花，一般坚挺朝上，而颜色变为淡粉之时，则慢慢往下倾斜，至花色变为深红时，则悬挂如垂丝海棠了。

植物的结构和形态，都是它们在漫长进化过程之中演化而成的，无一不体现出它们的生存智慧。使君子为什么要费那么大力气改变颜色和朝向呢？说到底，还是为了传粉和繁殖，花朵上大多数的奇特变化，十之八九与这个主题相关。

使君子初开之花为白色，且开花在夜间，主要是为了适应夜行性传粉者蛾子而发生的改变。在夜间，一般深色花，早已和浓浓夜色融为一体，

没法让蛾子"看见"，而白色反光最明显，便于蛾子"看见"花朵并造访，这种颜色的区分，十分有利于提升传粉准确率，节省双方时间。

变色之原理，在于花青素。花青素和阳光有密切关系，夜晚开花，白色保持时间可以久一点，等太阳出来，光线照耀之下，花青素增多，颜色变为淡粉，两天的阳光照射下来，颜色就更深了。植物对大自然的适应能力之强，利用率之高，足以让我们人类惊叹！

花朵朝向改变的原因也差不多。对于传粉者来说，初开朝上的花朵，最方便停靠和工作。等传粉完成，花朵倾斜或下垂的时候，它们从外观上简单判断一下，就可不予理睬了，从而避免无效劳动。很多雄花传粉完成之后就凋落，比如油桐，一方面是为了节省营养，让雌花孕育果实，另一方面，也是为了避免传粉者的无效劳动。

虽然使君子变换颜色是为了自身的生存，对于人类来说，它们却意外地美化装点了世界。使君子花朵造型雅致，花色多变，极具观赏性，是园林界非常喜欢配置的藤本植物。像使君子这样明明可以靠实力博得江湖地位的植物，还偏偏有如此高颜值，真是难能可贵，难怪人们如此喜欢它们。

薛荔

晶莹剔透木莲冻

　　盛夏行走于钱湖山野，经过湖东的下水村附近，常会碰到不少推着三轮车沿路叫卖或在路边摆摊的农人，他们有的卖麻糍、土鸡蛋、红薯、土豆等农副产品，也有人吆喝着："木莲冻，木莲冻，木莲冻要吃吧？"

　　这时候，我们总是忍不住停下车，花五块钱，来上一大杯。杯中的木莲冻，是加过薄荷的，看起来晶莹剔透，吃起来清凉爽口，甜丝丝，爽滑滑，一杯下肚，暑气顿消。骄阳似火的时节里，出门在外能吃到这么一种解暑消热的天然佳品，诚可谓人生一大快事。

　　做木莲冻的原材料，是江南山野、城市常见的一种植物，名为薛荔（*Ficus pumila*），别名木莲。鲁迅先生的《从百草园到三味书屋》里，就有"木莲"这个名字。他写道："何首乌藤和木莲藤缠络着，木莲有莲房一般的果实，何首乌有臃肿的根。"江西老家唤薛荔为"乒蓬子"或者"顶乒子"，这是音译，大概是指薛荔果形如乒乓球之意。

　　木莲为桑科榕属植物，是一种攀缘或匍匐藤本，"木莲"不是指花，而是指薛荔的果实像倒置的莲蓬，《本草纲目》也用这个名字。不过，《中国

植物志》最后选用了"薜荔"作中文名，也许是因为这两个字在文献里出现得最早。早在屈原《楚辞》中就出现了"薜荔"一词，如"采薜荔兮水中，搴芙蓉兮木末""若有人兮山之阿，被薜荔兮带女萝"等。唐代诗人谭用之也有一联极美的诗句："秋风万里芙蓉国，暮雨千家薜荔村。"

薜荔在宁波到处可见，余姚通济桥边、月湖尚书桥侧、东钱湖及各地的山野之间、古老村落，均有分布。它们郁郁葱葱，或如常青藤般缠绕在老树上，或像爬山虎一样爬满一面老墙，有时候甚至把一段矮墙包得严严实实。总觉得有薜荔的地方，就有一股厚重的历史感。

梅尧臣有一首《和王景彝咏薜荔》曰："植物有薜荔，足物有蜥蜴。固知不同类，亦各善缘壁。根随枝蔓生，叶侵苔藓碧。后凋虽可嘉，劲挺异松柏。"将薜荔比作攀爬的蜥蜴，可谓妙趣横生。

关于薜荔，李时珍有这样的描述："不花而实，实大如杯，微似莲蓬而稍长，正如无花果之生者。"他的描述非常准确，正如很多桑科榕属植物一样，薜荔也属于"无花果"，或者用植物学上的名词来说，它的花序属于"隐头花序"，意为薜荔是有花的，只不过被包裹在膨大的花托之内，从外面是看不到薜荔花的，必须剖开果实，才能看到其花着生在果实的内壁之上。这是植物界一种非常奇特的现象。

谈过了植物学上的薜荔，再说说舌尖上的木莲冻。敝乡也有做木莲冻的传统，不过名字不一样，乡人叫作"凉粉"，意为吃了之后清凉去热不生痱子。《中国植物志》"薜荔"条目下，就有"凉粉子、凉粉果、冰粉子"等别名。《本草纲目》记载的功能更强大："固精消肿，散毒止血，下乳，久痢肠痔，心痛阴癫。"

小时候，家里做凉粉时很热闹。几个姑姑在竹竿上绑好镰刀，到村后

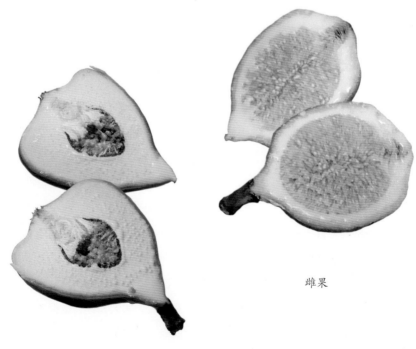

雌果

雄果（又名瘿花果）

山脚溪边的那棵老枫树下，说说笑笑之间就摘来半筐薜荔。然后，从村头的深井里挑来两桶凉凉的井水，就在老宅后面铺满青石板的巷子里，切薜荔、抠籽、揉胶、忙得不亦乐乎。她们如变戏法一般，没多久就做好了半水桶透明似果冻的凉粉。一家老小，一人一碗，场面十分温馨。

2018年7月，大姐特意托人从老家带来她摘的薜荔，这不远千里的心意，让我们深受感动。当年只顾着吃，没注意学习观察，凉粉味道记忆犹新，其制作方法却浑然不知。好在老岳母和我们住在一起，在她老人家指导下，由女儿动手，我们夫妇摄影摄像记录，一家人饶有兴致地学制凉粉。

薜荔有雌雄之分，而且雌雄异株。雌果被榕小蜂授粉之后会结籽，而雄果又名瘿花果，里面只会长不结籽的瘿花。做凉粉只能用雌果，如果用雄果，忙到地老天荒也弄不出凉粉来。

我们先用六个薜荔果做实验。雌果剖开后，里面满满的都是米黄色的籽粒。把这些籽抠出来后，用白纸铺好，放到太阳底下晒上一天，充分干燥以便保存，之后即可随时拿出来做凉粉了。为增强凝固效果，我们在晒好的薜荔籽中放入大姐附送的一些食用熟石膏粉，并加入一小撮米饭，最后用蒸馒头的纱布，把这些原料包裹起来备用。

做凉粉，井水是最好的。可在城里，只能从超市里买几桶水替代。按照一个薜荔一小碗水的比例，我们把水倒进两个大碗里。然后将纱包放在水里慢慢揉搓，揉出其中透明滑溜的天然果胶，碗里的水明显黏稠之后，将纱包放到另一个碗里继续揉搓，直到里面再也揉不出果胶为止。

将这两个大碗静静放置半个小时左右，再去看时，记忆中那晶莹而柔韧的凉粉做成了！我们每人盛上一小碗，加点红糖，搅拌，一勺入口，嗯，是儿时的味道，柔滑、爽口、甘甜。另外一大碗，则放入冰箱，外出回来，来上一碗，透心凉的爽滑，让人浑身舒泰。打电话告诉大姐，我们不但制作成功，而且很喜欢吃，电话那头的她和我们一样高兴。

爱玉子

　　除了薜荔，宁波海岛崖壁之间，还有薜荔的一个变种，名为爱玉子，果实的形状和薜荔略有不同，为两头小中间大，有点像纺锤形，和薜荔的秤砣形果实略有差别，不过，据说做凉粉的效果差不多。在闽台地区，爱玉子很普遍，甚至有人专门种植，为台湾著名饮品"爱玉冻"提供原材料。夏日去宝岛旅行的朋友，不妨留心一下，看看和"木莲冻"的味道有啥区别。

大叶白纸扇

大叶金花唯其大

　　盛夏时节，在千山一绿的江南山间，常常能看到一种开着大白花的植物。微风吹来，其花瓣如白蝶一般，在绿叶间翩翩飞舞，十分雅致。它们就是智慧而又神奇的当季开花明星之一：大叶白纸扇（*Mussaenda shikokiana*）。

　　第一次遇见大叶白纸扇，是在浙东大峡谷。当时乍一看这种花的构造，觉得很奇怪，为啥只有一片花瓣呢？难道花开到后期，凋落得只剩下黄色花蕊和这最后一片花瓣了？后来才知道，那是一个美丽的误会。

　　大叶白纸扇之名，来自其属长白纸扇（*Mussaenda pubescens*）。白纸扇又因何而名呢？原来与该植物的特化萼瓣有关。其萼瓣薄纸质，椭圆形，长宽几乎相等，上面还有清晰的叶脉，看起来非常像古代仕女手中的团扇，故此有了白纸扇这个形象的别名。本篇主角纸扇相似但叶更大，所以被称为"大叶白纸扇"。千万别手滑写成"大爷白纸扇"，一笑。

　　在《中国植物志》里，白纸扇的中文正名，听起来非常富贵，叫作玉叶金花，似乎它们是植物界的皇族，这四个字同时也是该属的属名。相比较而言，这个名字对植物的特征归纳得更加全面一些：它们真正的花，是金黄色的小花，很不起眼，而所谓玉叶，是指其如叶片又似花瓣的白色花萼裂片。因此，大叶白纸扇有个别名，就叫大玉叶金花。

大叶白纸扇明明有花，为什么又特意长出一片大大的花萼裂片呢？这就涉及植物的进化智慧了。

对所有生物来说，繁殖后代是它们生存在这个世界上的最大价值。要繁殖，先得授粉，作为虫媒花，如何让昆虫们发现它们，这是一个问题。玉叶金花属植物的花，普遍偏小，而且那一点点金色，在满眼苍翠的大山之间，辨识度比较低，很难被蜜蜂蝴蝶等传粉者看到。一旦到了花期还没授粉，就可能错过繁殖的最佳时间，久而久之，可能导致种群覆灭。

风一吹，白扇摇。它们是用这个大大的白色萼片提醒昆虫们，这里有好吃好喝的，大家快来享受美食，顺便把粉传了。这不，看蜜蜂落脚和吮吸的地方，就知道哪里是它们真正的花，哪里有可口的花粉花蜜了。

这种智慧，在一些花小的植物中非常普遍。比如中国绣球，花也很小，它们也会长出三至四枚白色的不育花萼片来，让自己在一片绿色之中脱颖而出。琼花亦然，其中间一团小珠子般的，是有雌雄蕊的可孕花花苞，而周边八朵大花，则是负责招蜂引蝶的不孕花。

说到白纸扇（玉叶金花）和大叶白纸扇之区别，从名字即可看出，主要在于叶片尺寸不同。但我比较了一下二者叶片的尺寸，大叶白纸扇叶片最宽、最长分别为 11 厘米和 3.5 厘米，而玉叶金花分别为 9 厘米和 3 厘米。如果在山中，不带着尺子现场量，靠目测是很难分辨的。

有没有更直观一些的辨识要点呢？我认为以下两点可能更管用一些：首先，白纸扇是缠绕藤本，而大叶白纸扇是直立或攀缘灌木。另外一点是花序的疏密程度不同。白纸扇"聚伞花序顶生，密花"，而大叶白纸扇"聚伞花序顶生，有花序梗，花疏散"。就植物的常见程度来说，宁波似乎大叶白纸扇更常见，白纸扇几乎没见到过。

大叶白纸扇是《浙江植物志》的名字，《中国植物志》用的名字是黐花。这个名字来自清朝植物学家吴其濬的《植物名实图考》："黐花，生云南。黄花四出如桂，叶在顶上者独白如雪，盖初生者根可黏物，故名。"

此一记载很有趣。吴其濬用桂花类比金花，确实神似。但大叶白纸扇明明是五个花瓣，配图中也是，他却说"四出"，估计是笔误。另外"黐"字拆开是"黍离"，古人常用"黍离之悲"来表达国破家亡之痛，但两个字合成一个字，又是啥意思呢？

字典对"黐"的解释是"木胶，用细叶冬青茎部的内皮捣碎制成，可以粘住鸟毛，用以捕鸟"。而《中国植物志》对黐花也有说明："植物含胶液，可粘鸟，故称粘鸟胶。"说明古人除了用细叶冬青，也会用有同样功能的大叶白纸扇制作木胶，用以捕鸟。

"黐花"这个名字，居然是从捕鸟用途来命名的。古人脑洞真大，吾人不及也。

2016年国庆，陪父亲去马来西亚旅游，还遇到同属另一种园林植物，叫作粉叶金花（ *Mussaenda 'Alicia'* ），又名粉纸扇。它们的花也是黄的，依旧不那么显眼，但它们的特化萼片却与大叶白纸扇不同，不是一枚，而是五枚全部特化，颜色还是粉色的，远远地只看到绿叶之间一堆粉粉的"花瓣"，层层叠叠，浓艳异常。

时至今日，现代人不再用大叶白纸扇的胶液去捕鸟了，而且捕鸟也是被禁止的。但对于其药用价值，开发还是挺充分的。

粉叶金花

　　大叶白纸扇的药用价值和玉叶金花相似。其干燥茎、根，具有清热解暑、凉血解毒的功效，在岭南地区广泛使用，主要用于治疗感冒、中暑、肾炎水肿、咽喉肿痛、支气管炎等病症。在国内清火消炎类药的知名品牌玉叶解毒颗粒、玉叶清火片中，大叶白纸扇均作为君药使用。有些岭南人还会用晒干的茎叶代茶饮，称之为"良口茶"，常喝可以生津止渴、预防中暑。

　　大叶白纸扇，真是一种聪明、奇特而又非常有价值的美丽植物。

博落回

摇曳路边自成景

夏日时节，车行山间，但见万山苍翠，一派生机。

此时山野，绿色一统天下。不过，这绿并不只是一种颜色，有嫩绿、黄绿、淡绿、深绿、暗绿以及无法形容的绿，且浓淡相宜。极目四望，养眼怡神，欣然忘俗。

这时节，路边开花植物少之又少。最盛大的是木荷，因树大花多，簇簇白花在绿叶间特别显眼。偶尔在崖壁、溪岸边垂下一条条紫色穗状花序的，是醉鱼草。有着紫红色圆锥大花序的五节芒，给绿色的山间平添了一丝浪漫。和五节芒一样无处不在的高大草本，是博落回（*Macleaya cordata*）。

在江南山间，博落回之常见，从它多如牛毛的别名可见一斑，仅《中国植物志》，就记载了勃逻回、勃勒回、落回、菠萝筒、喇叭筒、喇叭竹、山火筒、空洞草、号筒杆、号筒管、号筒树、号筒草、大叶莲、野麻杆、黄杨杆、三钱三、黄薄荷十七个名字，或状声音，或说外形，或言秆子，或表叶子，不一而足。

因为亲近，才会有外号，因为分布广泛，才会外号各不相同。根据《中

国植物志》记载，博落回为罂粟科博落回属直立草本，在中国长江以南、南岭以北的大部分省区均有分布，南至广东，西至贵州，西北达甘肃南部。

博落回最有意思的是名字，第一眼看到这三个字，还以为是一种外来植物，因为名字很像外文的音译，而且特别像西药的名字，对照它们的拉丁名 *Macleaya cordata*，音、字也毫不相干。而咱们的古籍记载很清晰，这是一种很中国的植物。

据《中国植物志》记载，博落回之名来自"图考长篇"，这个"图考长篇"，应该就是清人吴其濬的《植物名实图考长篇》之简称，但翻遍该书及《植物名实图考》，并没有查到相关条目记载。唯一有记录的是明朝李时珍的《本草纲目》，其书"蓖麻"条目后，附录了博落回，原文如下：

> 拾遗藏器曰：有大毒。主恶疮瘰根，瘤赘息肉，白癜风，蛊毒精魅，溪毒疮痿。和百丈青、鸡桑灰等分，为末敷之。蛊毒、精魅、当别有法。生江南山谷。茎叶如蓖麻。茎中空，吹之作声如博落回。折之有黄汁，药人立死，不可轻用入口。

此一附录包含很多信息。一方面说明博落回早在唐朝鄞县人陈藏器的著作《本草拾遗》中就有记载了，在我国可谓历史悠久。另一方面，博落回的毒性、主治、用法、分布以及形态，都已有明确的说明。而我最感兴趣的是关于名字的由来。

按照陈藏器的叙述，之所以有是名，是因为"吹之作声如博落回"，我一则奇怪"博落回"到底是一种什么样的声音，二则好奇谁敢去吹博落回的茎秆。既然知道博落回有大毒、药人立死，居然还有人不怕死？后来，"拈花惹草部落"群友山荷叶发给我一段资料，才知道原来"博落回"源自北魏乐器"簸逻回"，又称"大角"。也就是说，博落回不是声音的形容词，

而是其声音类似于乐器"大角"发出的声音。第一个疑问才算解决了。

4月，博落回幼苗萌发，因为中空，生长速度很快，高可达4米。其叶大如莲，故有"大叶莲"之称，与圆圆的荷叶相比，它们多了7—9个深浅裂。叶表绿色，背面白色，风吹叶动，个子又高，其白色叶背在周边苍翠的植物间非常显眼。

5月，博落回开花，其圆锥花序可达半米长，小花苞初时绿色，渐渐变白，花开很梦幻，没有花瓣，只有一丛丛花丝团在花序轴之间，传粉后，通体橙黄透亮的小果实逐渐长大。7至8月，内中的橙黄色液体消失，蒴果变成了一颗颗扁扁白瓜子的模样，种子就成熟了。其后，博落回枝干逐渐干枯，或成为人们的薪柴，或成为其他植物的肥料，但它们的种子，已为博落回再扩大一轮地盘做好了充分准备。

从其多生于路边的情况来推测，博落回应为一种风力传播的植物，种子长成扁扁的瓜子的模样，也是为了方便御风飞翔，只要有人、畜及车辆快速经过，或一阵狂风吹起，博落回就开始在新的地方安家落户，继续它们繁衍扩大种族的使命。博落回的生命力特别顽强，在很多新开的道路两旁，经常会看到不少博落回。它们在光秃秃的岩石和裸土之间，自由自在地摇动着宽大的枝叶。

博落回有大毒，这是古今医学已经证明的事实。不过我们也没有必要谈其色变。从新闻报道的一些案例来看，直接食用博落回中毒的并不多，倒有不少因为食用了以博落回为蜜源植物的野生蜂蜜而中毒死亡的案例。博落回和雷公藤、山月桂、木藜芦、马醉木等很多植物一样，属于有毒蜜源植物。有些人其实是在甜蜜之中不知不觉进入危险境地的。所以，食用野生蜂蜜之前，要观察周边有没有博落回，如果有，还是要提高警惕。

陈藏器所言之博落回"药人立死"，那是指内服，只要不吃进口中，博落回也是一种不错的外用良药。《中国植物志》记载："全草有大毒，不可内服，入药治跌打损伤、关节炎、汗斑、恶疮、蜂螫伤及麻醉镇痛、消肿；作农药可防治稻椿象、稻苞虫、钉螺等。"

对于经常在户外活动的小伙伴们来说，很有必要了解一下其治蜈蚣、黄蜂叮咬的方法。根据《江西民间草药验方》记载，取新鲜博落回茎，折断，有黄色汁液流出，以汁搽患处，有很好的疗效。不过，这只是在野外的无奈之举，果真被毒虫叮咬，简单处理后，还得及时去正规医院治疗。

说到底，博落回其实也无所谓毒草或良药，就像我们每个人一样，用对地方了就是人才，没有用好，可能就成了庸才甚至害群之马。

叶下珠

顺芝结子如粟米

2019 年 9 月初的一个周末，我来到杭州植物园桃源里自然中心，参加壹木自然读书群的线下分享会，讲讲"拈花惹草部落"背后的故事。这是一次愉快的旅行，喜爱博物的人在一起，即便萍水相逢，也能一见如故。很享受这种自然亲切的感觉。

旅行不忘草木。早上光线好，拎着相机四处溜达。走到写着"青芝坞"三个大字的巨石前面，忽然看见两棵叶下珠（*Phyllanthus urinaria*）青青翠翠、生机盎然，在晨风中怡然自得。它们个子不高，却有一种"欣欣此生意，自尔为佳节"的意味，让人看着心生欢喜。

叶下珠，大戟科叶下珠属。在江南，它们简直就是杂草般的存在，公园路边、房前屋后、犄角旮旯里，总可以看见它们矮小翠绿的身影，有时候花盆里也会冷不丁长出一小株来。不知道它们是如何传播种子的，但从它们无处不在的身影来看，其传播策略是十分成功的。

叶下珠虽然常见，很不起眼，但如果停下匆忙的脚步，蹲下身来细细打量它们，会发现它们也有动人之处。清代吴其濬在《植物名实图考》中

写道："叶下珠，江西湖南砌下墙阴多有之，高四五寸，宛如初出夜合树芽，叶亦昼开夜合。叶下顺茎结子如粟，生黄熟紫。俚医云性凉能除瘴气。"夜合，就是今天的合欢。叶下珠有点像紫金牛老勿大，个子总是小小的，故此吴其濬说其像合欢的树芽。

叶下珠这种清新可爱的羽状叶，和田菁、合萌的幼苗也比较类似，最快速区别它们的方法，就是翻过枝条，看看叶下是否"顺茎结子如粟"。此外，叶下珠小枝也有自己的特色，"具翅状纵棱"，有点扁扁的，而合欢、合萌、田菁等的小枝是圆形，这也是区别叶下珠与后三者幼苗的要点之一。

叶子昼开夜合，本来就是很多豆科植物的特点，不算稀奇。含羞草、雨树、合欢以及合萌、田菁莫不如此，主要目的是减少热量的散失和水分的蒸发。尤其是合欢树，叶子不仅仅在夜晚关闭，当遭遇大风大雨时，也会逐渐合拢，以防柔嫩的叶片受到暴风雨的摧残。这种保护性的反应，是植物对环境的一种适应。

大戟科的叶下珠也有这个特点，倒是后来翻书时才知道。想起院前就有一株叶下珠，行文至此，打着电筒就出门去验证了。费了好些时间，才找到白天看过的那棵叶下珠，果然叶子都闭得紧紧的，那样子都有点不认识了。

很佩服为叶下珠命名的人，这三个字精到而又美好。其蒴果圆球状，长于叶腋，柄极短，果极小，而叶相对较大，故俯视时，果子被叶子盖住，须得翻过小枝，才能看到小珠子，故有是名。到 10 月份，叶下珠的果实会变红，红宝石般整整齐齐排在小叶下面，虽然是最常见的红绿搭配，但大自然的色彩，却总是那么和谐美丽。这时它们应该是想告诉潜在的种子传播者，我已经成熟了，快来吃我吧，顺便帮我把种子散布出去。

"性凉能除瘴气"这一药性，估计闽粤之人最有亲身感受。在福州一个植物群里分享了几张图片，立刻就有几位花友谈起了与叶下珠的情缘。群

浙江叶下珠

友"烟雨江南"激动地说："福州人，没吃过叶下珠炖鸭肝的请举手？通常两三朵鸭肝洗净，放掌心大小的一两棵叶下珠鲜草，没入水中，隔水炖熟。叶下珠炖鸭肝，汤色黑，略带点苦味，鸭肝外表也是黑色，但咬开内里却是粉红色，草香醇厚，粉糯防噎，越嚼越香。"被她这样一描述，不由得咽口水。

那天读书会分享结束，大家一起逛杭植百草园，拍到了一些有趣的植物，其中就有另一种叶下珠——浙江叶下珠（*Phyllanthus chekiangensis*）。

和叶下珠相比，浙江叶下珠最直观的特点就是果柄很长，一条长细丝吊着绿色茸毛的蒴果，有说不出的优雅。从植株高度来讲，浙江叶下珠是灌木，个子更高，可以长到一米左右，而叶下珠一般就二三十厘米，最高也就半米左右，故称之为一年生草本。所以浙江叶下珠年年会在那里等你来，但一年生草本的叶下珠，今年看过，明年就不知道还会不会出现了。

叶下珠和浙江叶下珠，两种植物都比较矮小，珠子就更小，几乎得趴地上才能拍到，想获得一张好图片，真心不容易。而它们的花更是小之又小，当天风大，拍花我就放弃了，大家一起看看珠子就好了。

赪桐

世间事，以讹传讹者颇多。有一知半解而传讹者，有浅尝辄止即传讹者。在赪桐（*Clerodendrum japonicum*）上，我属于后者。以前翻书偶尔看到这种花，没有深究到底是哪个字、读什么音，就这么混沌着过去了。

那天在广西巴马县甲篆乡平安村巴盘屯，游人们像看猴一样去看百岁老人，我不忍去，就在村子里转悠。忽然在万绿丛中看到一团火红，心里知道是啥，却没法表达，到底是"赪桐"，还是"桢桐"呢？网上查询，两个都有，图片都显示这个花。后来仔细查阅《中国植物志》、中国植物图像库，才发现根本没有"桢桐"这种东西，"赪桐"才是正解。

"赪桐"什么意思呢？关于赪，《新华字典》的解释就两个字：红色。所以是"赤"偏旁。桐，一般指梧桐。赪和桐连在一起，很好理解，就是开着红色的花、叶子像梧桐叶的一种植物。了解了这两个字的含义，再也不会将"赪桐"误作"桢桐"了。

赪桐是我国岭南土生植物，自古有之。早在晋人嵇含的著作《南方草木状》中，就有"赪桐"条目："赪桐花，岭南处处有，自初夏生至秋。盖

草也，叶如桐，其花连枝萼，皆深红之极者，俗呼贞桐花。贞，音讹也。"

看样子，不只现代有我这样的糊涂人，古时候"认字认一边，不用问先生"的也大有人在。有人就呼作贞桐花，嵇含先生说得很清楚，"贞，音讹也"。

李时珍在《本草纲目》"海桐"条目里，提到好几种桐，其中也有赪桐："赪桐，身青，叶圆大而长。高三四尺，便有花成朵而繁，红色如火，为夏秋荣观。"

南宋诗人陆游有一首《思政堂东轩偶题》："羁愁酒病两无聊，小篆吹香已半消。唤起十年闽岭梦，赪桐花畔见红蕉。"他在诗后自注云："赪桐，嘉州谓之百日红。"陆放翁此诗作于四川，嘉州即今之眉州、乐山一带。

四川盆地是个神奇的地方，因为秦岭山脉阻挡了寒流，很多岭南植物这里都有，荔枝、羊蹄甲、三角梅、蓝花楹等都很常见。此诗说明，赪桐在蜀地也是很普遍的，甚至

有"百日红"的俗称。因见到赪桐回忆起福建，随处可见的赪桐已成为诗人回忆福建宦游生活的典型景象，甚至可以用来指代闽粤这些地区。

赪桐叶子宽大碧绿，花色猩红艳丽，花丝像猫须一样远远伸出花冠之外，和大青属同属植物的龙吐珠、海州常山等一样很有特色。赪桐盛花期在六七月，正是学子们大考时节，红红的花朵似乎给人以祝福，有些学子喜欢在考前和赪桐合个影，期望自己能够金榜题名，故这种花又被称为"状元红"。

赪桐花期自夏至秋，长开不败，花期之长和紫薇花有得一比。某年9月份去杭州植物园，看到开花的赪桐。无论孤植，还是成片种植于林下，或野生于山间，在满眼苍翠的夏日，赪桐都是一种非常美观显眼的优良景观植物。

根据《中国植物志》记载：赪桐"全株药用，有祛风利湿、消肿散瘀的功效。云南作跌打、催生药，又治心慌心跳，用根、叶作皮肤止痒药；湖南用花治外伤止血"。以后去岭南，碰到蚊虫叮咬，又多了一味就地取材的止痒药。

岩木瓜

山谷沟畔中国榕

作为一个植物爱好者，行万里路，读万卷书，拍万种花，是人生的最高理想。所以，我对黔西南州兴义市的马岭河大峡谷之行，抱有很大期待。

在 7000 万年前的地壳运动中，今天兴义市附近的大地，被拉开了一道长长的口子，在水流长期侵蚀下，形成了一条长达 74.8 公里的奇险幽深的狭窄地缝。由上往下看，这是一道地缝，由下往上看，则成了一线天沟，故有"西南奇缝，天下奇观"之美誉。

大峡谷目前已开发成旅游景区的约 4 公里，入口处离兴义市区 6 公里左右。远远眺望，但见崖壁之上一条又一条大瀑布飞泻直下，谷底则江流滚滚猛浪若奔，碳酸钙壁挂造型各异。几座吊桥、公路桥沟通着两岸，峡谷内外郁郁葱葱植被茂密。这样一个人迹罕至水汽氤氲的地方，喀斯特地形里常见的苦苣苔、秋海棠、兰科之类阴生植物，应该不少吧。

等我坐着高度达 74 米的垂直电梯下到峡谷中部的栈道，走了一小段，才知道自己想多了。路边能够得着的地方，除了芭蕉、海芋、竹子，只有一些不知名的蕨类、藤本、乔木之类，几乎看不到几种开花植物。而栈道两边，一边是湍急的河流，另一边除了千奇百怪的岩壁，还是百怪千奇的岩壁。

在马岭河大峡谷，如果单单来看神奇的地质景观，欣赏大自然的鬼斧神工，不失为一个理想的地点。但若跟着对植物不感兴趣的同伴们到此一游，且又是在这样一个过了集中花期的夏天，想要看到很多奇花异草，恐怕是难以如愿了。

所幸，还是偶遇到一些有趣的植物。比如黄花可爱的野地钟萼草，白花秀气的岩上珠，叶子别致的鞍叶羊蹄甲，浑身是刺的喀西茄等等。不过，最让我印象深刻的，还是岩木瓜。

在接近万马奔腾瀑布群的一个观景台附近，同伴们都注意到了河边的

岩上珠

野地钟萼草

鞍叶羊蹄甲

几棵树。这些树枝繁叶茂，树干上挂了很多果子，有青色的，也有绿中带点橙红的，外形和大小酷似库尔勒香梨。第一眼印象就可确知这是桑科榕属的一种植物。

回来查检索表，在只有图片没有标本的情况下，实在很难定种，最后只得请教群友广州市林业与园林科学研究院工程师张继方老师，他一眼就看出这是岩木瓜，真是见多识广。有了名字这把钥匙，岩木瓜背后的秘密就可以一一揭开了。

岩木瓜（*Ficus tsiangii*）是桑科榕属的一种常绿小乔木，树高 4 至 6 米，为我国特有种，主要分布在贵州、云南、四川、广西、湖北、湖南等热带及亚热带地区，生境多在山谷、沟边等潮湿地区，特别巧的是，岩木瓜的模式标本就采自黔西南州的贞丰县。

岩木瓜全身都是宝，榕果可食，树叶可以打砂皮，茎干还可入药。

从字面来理解，岩木瓜就是长在岩石边上、会结木瓜一样果实的植物。这应该是云南屏边老百姓尝过味道之后，送给这种植物的名字吧。在湘西地区，当地人也经常采食其果实。吉首大学武长松等对果实进行的小鼠急性毒性试验表明，其果实不仅无毒，而且各类营养成分和常量、微量元素含量都很丰富，尤其是微量元素 Fe、Zn 的含量，更是高于常见桑科植物，其营养价值高，可以作为野生果树开发利用。

岩木瓜的叶片螺旋状排列，纸质，比较宽大，表面很粗糙，被粗糙硬毛，背面有钟乳体，密被灰白色或褐色糙毛。

据张定亨介绍，在桂林花坪，当地老百姓叫岩木瓜为阿巴果，他们不但食果，还会将叶片当作砂纸来用。他们用树叶打磨木器，分两步进行：第一步是粗磨，先用备好的上年生老叶干磨，老叶硬毛粗糙，干磨可以把木器上一些刀痕或刨子印基本去掉；接下来将木器浸到水里进行水磨，水磨可以把碎末带走，同时使用硬毛较细嫩的当年生叶片打磨，磨出的木器细腻

而有光泽，这也是一种就地取材的民间智慧。

在四川、重庆部分地区，民间常将岩木瓜茎干作为药材使用，治疗心脑血管系统疾病，主要用于抗血栓。北京大学药学院王延亮博士等人的研究表明，从岩木瓜茎干 95% 乙醇提取物中，可分离得到蒲公英赛醇等 13 种化合物，具有抗糖尿病、抗肿瘤、抗炎、调血脂、降血压等生物活性，如将岩木瓜作为药用植物进行栽培，也具有较大的开发前景。

在贵州，榕属植物超过 40 多种，一路行来，可见各种榕树。据说黄果树瀑布名字之由来，就和附近常见的一种名为黄葛树（*Ficus virens. var. sublanceolata*）的榕树有关，当地老百姓以讹传讹，"黄葛树"就变成"黄果树"了。

这次来到贵州，欣赏了大美山水，领略了民族风情，拍到了不少花，特别是新认识了岩木瓜，不亦乐乎。

芭蕉

自舒晴叶待题诗

一直很喜欢芭蕉（*Musa basjoo*）。

喜欢"芭蕉"这两个字爽利而内敛的音韵，喜欢芭蕉阔朗舒展、青翠似绢的蕉叶，更喜欢看芭蕉静立在江南古宅或园林一角的古典与清雅。

这个夏秋之交，我们乔迁新居后，看到邻居家院子里花木扶疏、错落有致。绿萝和常春藤垂挂在矮墙上，淡紫色的牵牛花爬上了树梢，橙黄色的凌霄花盛开在竹制的拱门上。最引人瞩目的是一棵树形潇洒、绿意葱茏的芭蕉。这棵芭蕉大约三米高，已超过二楼人家露台的高度，正对着我们家的落地窗。某天邻居站在芭蕉下和我们聊天，交谈中得知，这棵芭蕉是他两年多前种植的。我们坐享其成，竟有了与芭蕉朝夕相望的美事。

如果说从前对芭蕉的喜爱，只是一团朦朦胧胧的愉悦感，现在则不由得想对芭蕉多一些了解。在宁波，芭蕉很常见。于是连续几天的清晨，在送女儿上学后，我便前往宁波博物馆近距离探看。这里的芭蕉相对低矮一些，因为没有修剪，也更原生态地展示着芭蕉的新陈代谢。

我第一次注意到，蕉叶展开前，是卷成烛状的。它们有的刚长出一小

截，有的已长成一大段，还有的如字画卷轴。最有趣的，是那包卷顶端的卷须儿，像一缕凝固的飘忽的烟。我观察到一株矮小的芭蕉，前一天早晨还有一片叶子是微卷的，第二天已舒展成嫩绿的幼叶。原来，蕉叶就是由这些包卷慢慢伸展出来的。

脑海中忽然浮现"绿蜡"这个词。《红楼梦》中，元妃省亲时命众姐妹并宝玉题诗。宝玉有诗云："绿玉春犹卷。"宝钗提醒他将"绿玉"改为"绿蜡"，并告知用典源于唐代钱珝诗："冷烛无烟绿蜡干。"而张爱玲在《红楼梦魇》一书中，曾以"绿蜡春犹卷"为上联，续下联为"红楼梦未完"，并引为人生憾事之一。

以前看书，虽然对"绿蜡""冷烛"不解，却未曾细究。此刻看到这些包卷，再品读钱珝的《未展芭蕉》诗："冷烛无烟绿蜡干，芳心犹卷怯春寒。一缄书札藏何事，会被东风暗拆看。"只觉豁然开朗，万般妥帖。而后两句，诗人将未展芭蕉比作写满少女心事的书札，而东风又如此顽皮，更是想象独特，别有意趣。

芭蕉是唐诗宋词里非常重要的抒情意象。文人们常常将芭蕉与愁思联系在一起。如李商隐的名句："芭蕉不展丁香结，同向春风各自愁。"吴文英《唐多令》："何处合成愁？离人心上秋。纵芭蕉，不雨也飕飕。"

雨打芭蕉，更为文人们广泛品鉴。白居易有："隔窗知夜雨，芭蕉先有声。"细雨润物无声，芭蕉有声，雨势必不小。八月底的某天，夜半酣眠中，迷迷糊糊听得骤雨忽至，窗外雨声潇潇，绵密急促，如于山谷听远处飞瀑声。起初，

我们以为是雨水打在新安装的玻璃房顶的声响，后来忽然想到，这大概就是"雨打芭蕉"了。有了这种听雨体验，再念及南宋赵鼎"要作秋江篷底睡，正宜窗外有芭蕉"，欧阳寓庵"篷窗卧听潇潇雨，却似蕉窗夜半声"，便有了更深的理解。蕉窗或篷窗听雨，是喜是愁，关键还在于心境。

除了愁思，芭蕉另有一种雅趣。芭蕉的叶片为平行脉，唐代路德延《芭蕉》诗云："叶如斜界纸，心似倒抽书。"意思是说，叶子像斜纹的帛纸，中心一圈一圈斜转着往上长。

蕉叶题诗，雅人深致。据说，唐僧人怀素种芭蕉万余株，日以蕉叶代纸写字。清代李渔《闲情偶寄》中云：芭蕉"坐其下者，男女皆入画图，且能使台榭轩窗尽染碧色"。他对蕉叶题诗情有独钟，认为可"随书随换""雨师代拭"，"此天授名笺，不当供怀素一人之用"。他的题蕉绝句："万花题遍示无私，费尽春来笔墨资。独喜芭蕉容我俭，自舒晴叶待题诗。"其流连蕉叶间挥毫洒墨、自得自乐之态，跃然纸上。暗想：吾辈无才可题诗，但某天带上几支笔，寻一晴叶写字，虽东施效颦，任性一回又何妨？

清代蒋坦伉俪"蕉叶对诗"的故事最令人难忘。据蒋坦《秋灯琐忆》记载，夫人秋芙手植的芭蕉叶大成荫，风雨滴沥，蒋坦于枕上闻之，心与之碎，某日在蕉叶上戏题："是谁无事种芭蕉，早也潇潇，晚也潇潇。"明日见秋芙续："是君心绪太无聊，种了芭蕉，又怨芭蕉。"秋芙之应对，与苏轼《定风波》中柔奴的"此心安处，便是吾乡"，大有异曲同工之妙。

芭蕉为芭蕉科芭蕉属，蕉叶结构疏松，极易被大风吹裂，所以宜种植在避风的地方。据说徐悲鸿曾让齐白石和张大千互换一下各自的"强项"，让白石老人画芭蕉，让张大千画虾。白石老人表示不敢下笔，"因为我没弄清楚，芭蕉的卷心是怎么长的，应该是左旋的还是右旋的？"深以为然。虽日日临窗赏芭蕉，但我对芭蕉的了解还是太少了。我观察过芭蕉卷心，但尚未观察过芭蕉的花果以及更多的生长规律。自此仍将常与芭蕉为友。

忽忆多年前，我们曾给女儿在芭蕉树根旁拍过照片。今日翻看，竟然已是15年前。果然是：流光容易把人抛，红了樱桃，绿了芭蕉！

乌蔹莓

应似飞鸿踏雪泥

宋仁宗嘉祐六年，也就是 1061 年。

青年苏轼丁母忧结束，由河南开封前往陕西凤翔府赴任，途中经过五年前赶考时曾游历的渑池，欲再访老僧奉闲。不料，老和尚已圆寂，他们曾题过诗的墙壁，亦已坍塌。苏轼感慨人生无常，写下《和子由渑池怀旧》：

> 人生到处知何似？应似飞鸿踏雪泥。
>
> 泥上偶然留指爪，鸿飞那复计东西。
>
> 老僧已死成新塔，坏壁无由见旧题。
>
> 往日崎岖还记否？路长人困蹇驴嘶。

鸿雁偶落，爪印轻留，但鸿飞雪干，又哪有踪迹可寻？但是，当年赶考路上的艰辛，却深深印在兄弟俩的记忆里，难以磨灭。无常与永恒，就这样在人生中往复交织。"雪泥鸿爪"这一成语也由此而来。

雪泥中的"鸿爪"虽然难以追寻，但葡萄科植物乌蔹莓（*Cayratia*

japonica）的"鸿爪"，却处处可见，这是大半个中国城乡挥之不去的日常景象。

乌蔹莓的"鸿爪"，喻其叶子形状。植物叶片类型多种多样，有单叶、掌状复叶、羽状复叶、单身复叶等不同类型，但乌蔹莓的叶形却不在上述之列，而是一种独特的"鸟足状叶"。在搜索引擎中输入"叶为鸟足状"五个字，除了会跳出天南星科的一条消息，结果大多指向同一种植物，即乌蔹莓。

鸟足状叶，既不像红枫由中心辐射而出的掌状叶，也不像槐树两两相对整齐划一的羽状复叶，乌蔹莓的叶子有点复杂，叶柄三分之后，两侧叶柄再二分，五枚叶片两侧小中间大，铺散开来，好似鸟儿抓地的五个小爪。不过，乌蔹莓并不靠其鸟足状叶子来攀缘，那只是它们进行光合作用为植株提供营养物质的营养器官。它们紧紧抓牢各种可供凭借之物的，是其卷须。

乌蔹莓的卷须，二至三叉分枝，像人的双手，随时准备张开合拢，把旁边的凭借物紧紧捆住，以固定自己的藤蔓。它们也很懂得节约资源，相隔两节才间断与叶对生一条卷须。两节一固定，一步一为营。别看卷须细微柔弱，一旦缠绕绑定，扯都扯不下来。我曾拎过一株攀爬在旧木板上的乌蔹莓枝叶，旧木板足足有三四斤重，但细细的卷须居然可以拉得住，其承受力真不可小觑。

乌蔹莓花期在5、6月份，持续时间很长。其花序腋生，一根总花梗，雨伞撑开一样三分，三分的二级花梗再二分，尽可能多地把花朵放在一个大平面上，保证每朵花有足够的生长空间，这在植物学上叫作"复二歧聚伞花序"。

细细观察每一朵花，会发现其花萼碟形，淡绿色花瓣四个，开时反卷，雌蕊一枚居中，四枚雄蕊环绕，均着生在橙色果冻般的花盘之上。完成授粉之后，雄蕊和花瓣均早落，形成一个个蜡烛台般的花朵，下面的子房慢

慢膨胀，最后长成一枚枚绿色的浆果，成熟时变得乌黑油亮。同一个花序之上，有开花，有蜡烛台，有果实雏形，每朵花都有条不紊地进行着自己的工作。

随意观察一下，宁波城野生藤本处处皆有，如带刺的葎草，熏人的鸡矢藤，名气很大的何首乌，还有喇叭状的旋花、三裂叶薯等等，但若论数量之多，"鸿爪"之常见，乌蔹莓估计要排第一。它们或挤挤挨挨爬满灌丛，或攀上高树垂悬如瀑，或挂在铁丝网上犹如绿屏，或在草地上铺展一大片。乌蔹莓长得快、缠得紧，其郁郁葱葱之势，稍不注意，有些绿化灌丛就可能因此"面黄肌瘦"，甚至被"鸠占鹊巢"。故此乌蔹莓成为园林养护人员心中一大恨，必欲除之而后快。

在日本，乌蔹莓被称为"薮枯"，这个名字取得不错，薮的意思是集聚，枯的意思是枯萎，好多乌蔹莓聚集在了别的植物上面，人家没法光合作用，当然没得活。

乌蔹莓的名字，看着就很奇怪。翻了半天书，才在《本草纲目》上找到一点线索。李时珍曰"五叶如白蔹，故曰乌蔹"，但这个"蔹"字还是不解其意，翻到"白蔹"条目，宗奭曰："白蔹，服饵方少用，惟敛疮方多用之，故名曰蔹。"原来此一"蔹"字，是从药效上来说的。白与乌又指植物什么部位呢？两者果实熟时一白一黑，故曰白蔹、乌蔹。此中还有一个"莓"字，并不表示其果实是草莓、山莓那样的聚合果，乌蔹莓果实为浆果，和龙葵近似，虽然无毒，但味道不是很好，李时珍曰"酸、苦、寒"。

对于园林绿化工作者来说，乌蔹莓固然不讨人喜欢。但在物竞天择的生物界，不管生存条件如何恶劣，乌蔹莓都能

　　凭着自己的生存智慧，把自己的家族衍化成生物界的强者，让自己的"鸟足""鸿爪"处处留痕。这种奋发向上的精气神，是非常值得学习借鉴的，做人做事如能从中有一点点领悟，就是不小的收获了。

　　区划调整后，我们上下班路途远了不少，便换了一套一楼带小花园的房子。因房东从未居住，花园内一棵野生构树已长成三层楼高了，树下全是它的子子孙孙；角落里，还有紫苏、杠板归、翅果菊等不少野生植物，其中也有一大片乌蔹莓攀缘在栅栏之上，真是人生何处不相逢！

　　这些乌蔹莓蓬蓬勃勃，或开花，或结果，有的果实已经乌黑，正好弥补了我之前没拍到黑果之憾。一只鸟儿正在啄食黑果，原来除了自播，鸟儿也是它的传播者之一。

鸡蛋花

花心渐作深黄色

　　岭南人喜欢煲汤，天下闻名。木棉花是煲汤的好材料，鸡蛋花亦然。据说以此煲汤，有治湿热下痢以及解毒、润肺等功效。

　　鸡蛋花有五个厚实而柔软的花瓣，风车状排列，正面洁白如雪，背部有一条淡紫色斑纹。最奇特的是，花冠中间有黄晕一片，整朵花看起来，如同蛋白包着蛋黄，以鸡蛋花命名，真可谓形象、准确。鸡蛋花属于"善落之花"，和茶花、木棉花一样，都是整朵凋落，掷地有声，颇有气势。

　　网上流传一首题为《鸡蛋花》的古体诗，不知何人所写，全诗以非常有趣的笔触，表达了对鸡蛋花之名的好奇：

　　　　芳名鸡蛋自何来，考尽千书费解猜。
　　　　疑是诗人馋不禁，品评奇想蛋花开。

　　如果要选择一种最能体现岭南特色的植物，我会选择鸡蛋花。其植株高矮适中，抬头可见，且外形美丽独特，实在令人难忘。鸡蛋花在岭南分

布也非常广泛，园林、道旁、庭院，几乎到处可见它们的倩影。稍北的闽台区域，也有分布。如若不见鸡蛋花，能算到过岭南吗？

杭州人郁永河，清代地理学家，他和徐霞客一样，喜欢四处游历，曾去台湾勘探硫矿，走遍台湾各地。他有一首记事诗写到鸡蛋花：

青葱大叶似枇杷，臃肿枝头著白花。

看到花心黄欲滴，家家一树倚篱笆。

他在诗后有批注，曰："番花，叶似枇杷，花开五瓣，白色，大本，臃肿，枝必三叉。花心渐作深黄色，攀折累三日不残。香如栀子，病其过烈，风度花香，颇觉浓郁。"从郁永河的诗及注释可知，鸡蛋花来自外邦，是番花，清朝就在台湾广为分布了。

鸡蛋花还是一种与佛有缘的植物。在我国南传上座部佛教之中，有寺院必须种植的"五树六花"之说。"五树"是指菩提树、高榕、贝叶棕、槟榔、糖棕，"六花"则为荷花、文殊兰、黄姜花、鸡蛋花、缅桂花、地涌金莲。鸡蛋花成为六花之一，主要因其花香四溢，金光内蕴，被认为具有保护庙宇的作用。沿袭至今，鸡蛋花已成为岭南各地佛教寺院中不可或缺的植物，有"庙树"或"寺树"的美誉。而汉传佛教寺院，因为气候和地域关系，这些热带花树难见身影。

我一直很喜欢鸡蛋花，去过几次厦门、广州和深圳，但每次去的都不是时候，深以为憾。两次去厦门，一次没空寻

找，一次在 11 月，只看见光秃秃的枝干。去过三四次广深，都错过了鸡蛋花的盛花期。2014 年参观华为，只看到一棵小树上还剩一朵，另一朵落在地上。

2016 年去广西，在德天老木棉度假酒店以及最后一站百色，都看到了鸡蛋花。老木棉看到的是一小株鸡蛋花苗木，只开了两朵花，但在有露水的早上，鸡蛋花尤其洁白素雅。最后一晚，在百色安顿好，已是傍晚。出去散步，附近有人民公园，园内居然有两株有些年头的鸡蛋花，花开满树，一片洁白，心内欣喜。

后来，去百色起义纪念馆，又看到一株红花鸡蛋花。有此眼福，便觉此行圆满了。

王莲

睡莲皇后叶最奇

2018 年 8 月某天，在小玥博士陪同下逛武汉植物园，在水生植物区看到一大片王莲，而且居然开着花，颜色还不一样。小玥博士介绍，王莲初开时白色，第二天淡红色，第三天转为深红色并沉入水底。闻听此言，我非常诧异，王莲这种变色规律，竟和使君子一样！花朵白色、芳香，都是为了夜晚吸引对应的传粉昆虫而进化出来的生命智慧，变色则是告诉虫子，此花已授粉，不必浪费时间与精力在上面，这是一种非常有趣的生命现象。

顺着木栈道，边观赏边拍摄，忽然想起王莲可以坐小孩，承受力可谓不小，很想观察一下叶背的结构，研究它们何以浮力如此巨大。栈道边上正好有一片刚刚长圆的叶子，我放下相机，趴下身子，伸手就去揭叶子的边缘，忽然被一阵刺痛惊得缩回了手。原来叶片边缘长满了硬刺，简直就像黄蓉姑娘身上穿的软猬甲一般，扎得人生痛。看来，王莲也是只可远观不可亵玩的神物，于是放弃了观察的念头。

这次出差，顺手带了一本《植物的心机》，这是我所喜爱的《杂草的故事》作者理查德·梅比的另一本著作。随手一翻，正好看到一篇《睡莲之后——亚马孙王莲》，记叙了维多利亚时代王莲如何被发现和引种的故事。短短一周左右的时间，关于王莲的各种信息纷至沓来，促使我决定记录和研究一下王莲。

王莲是睡莲科王莲属植物的统称，原产南美洲巴西及玻利维亚等地的热带、亚热带地区，因具有水生植物最大叶片而闻名于世，其直径最长可达 4 米，简直比我们吃饭的圆桌还要大。该属原生种有二：亚马孙王莲（*Victoria amazonica*）和克鲁兹王莲（*Victoria cruziana*）。美国长木植物园将二者杂交，形成了一个杂交种长木王莲（*Victoria 'Longwood'*）。它们都是世界各地植物园水生植物区必配的著名观赏植物，宁波植物园也有。

如何区别三者呢？先说说前两者，亚马孙王莲叶子正面绿色，背面紫红色，花萼表面布满硬刺，而克鲁兹王莲叶子正反面都是绿色的，直立叶

亚马孙王莲

缘比较高，是亚马孙王莲的一倍左右，花萼表面光滑无刺。长木王莲叶缘高度介于两者之间，叶片微红，叶脉紫红色，花萼片疏被硬刺。相比较而言，亚马孙王莲原生于巴西热带雨林地区，抗寒性比后两者差，克鲁兹王莲主产巴拉圭、阿根廷等地，适应性强一些，国内植物园种植相对较多一些。

细心的人会发现，王莲的属名是 *Victoria*，难道它和英国历史上最辉煌的"日不落帝国"女王维多利亚有关系吗？没错，属名确实和女王有关，这其中还有一番小曲折。

王莲于 1801 年由一位德国植物学家亨克（Haenke）在亚马孙河一个名叫 Mamore 的支流中首次发现，但其记载基本湮没无闻。1837 年，英国植物学家尚伯克（Robert Schomburgk）在英属圭亚那又一次发现这种气派非凡的睡莲，他建议将此物命名为维多利亚睡莲，得到女王首肯。不过，他将该植物错定为睡莲属，而且犯错的还不止他一人。

在他之前，即 1830 年，有一位来自德国莱比锡的植物学家珀皮格（Eduard Poeppig），将王莲错定为芡实属，命名为亚马孙芡（*Euryale amazonica*）。曾经看到陈煜初老师一张芡实叶子图片，直径居然达到 2.5 米左右，除了叶缘没有直立，大小及表面褶皱的样子和王莲确实十分相似，难怪珀皮格会定错。

后来，英国另一位著名植物学家林德利在查看尚伯克的标本时，发现这种植物不能归入睡莲属，但他聪明地提出，应该采用女王的名字来命名这个新属。然而，同时代的德国博物馆馆长克洛奇却提醒这位英国人，该种植物早就被命名为亚马孙芡了。不过，后来证实王莲并非芡属，根据植物命名法则，该属最后才定名为 *Victoria*，亚马孙芡就成了亚马孙王莲。

就在英国人为了王莲的名字而闹哄哄的时候，法国人道比尼不高兴了，他是欧洲第三个见到亚马孙王莲的人，而且也见过另外一种王莲，他清楚地知道二者的差别。不过，他的见解长期被英国人忽视，非常生气的他，

克鲁兹王莲

克鲁兹王莲（花开第二天）

克鲁兹王莲（花开第三天）

决定用玻利维亚革命领袖、墨西哥人圣·克鲁兹的名字来命名另一种王莲，即克鲁兹王莲。理查德·梅比评论说："这很明显是共和政体拥护者对保皇主义者所开的玩笑。"

离开日不落帝国，我们回到现实之中。王莲当前最为人们所津津乐道的，除了前面提到的会三次变色的美丽花朵，就是其巨大叶子的种种趣闻了。

翻转亚马孙王莲大碧玉盘般的叶子，会发现辐射状纵横交错的叶脉构造十分精密。一位探险家这样形容王莲叶背："翻转过来的叶片，使人联想到某种奇特的铸铁布料，红彤彤的颜色就像刚出熔炉似的，巨大的叶肋强化了它的结构，使得它更像铸铁。"捏一捏凸起的叶肋，会发现手感软软的，其中充满了空气，这些结构，让王莲叶面的承载力超出了人们对叶子的想象。

据说，亚马孙流域的妇女外出干活时，常常把熟睡的孩子放在王莲叶面之上，这让欧洲人很惊奇。后来英国人也有类似试验。据上海辰山植物园一次挑战赛的结果显示，王莲叶面可以承受的重量，最多可达 67.5 公斤左右，真令人叹为观止。

不过，诸位如欲亲测王莲的承重，可千万不要冒失地直接踩上去，最好在叶面上铺薄木板或者垫子，在工作人员辅助下站上去。而且，前去挑战的朋友们还要注意循序渐进，让瘦的先上，逐渐加码，否则，弄得一身泥上岸，就尴尬了。

秋

秋
Autumn

换锦花

脱红脱绿换锦来

2017 年 9 月初的一个周末，正准备和花友们去宁海刷山，突然接到加班通知，于是计划泡汤。

在小群里，庄主建议大家早点到鄞州区姜山镇集合，先看看换锦花（*Lycoris sprengeri*）再去宁海。闻听此言，我心里一亮，城郊居然也有换锦花？

记得 2016 年伙伴们为看换锦花，特意去了遥远的象山海岛。没想到这么近的宁波城南就有！于是，第二天五点半起床，带上家人，一起去姜山镇赏花。

起初，我以为此地的换锦花也就那么一株两株，担心不知藏在小山坡的哪个角落，便向庄主请教具体方位。不料庄主豪迈地回答：满山都是。我们半信半疑到了狮山公园，看见正缓缓启程的伙伴们，打过招呼，便顺着步道上山。刚走几步，果然看见道路两边，一片一片的粉色花朵，点缀在林间杂树之下的各个角落。

啊，这么多换锦花，幸福来得太突然了！顺着坡道向上，折向环山的步道，目之所及，处处可见换锦花的美丽身影，实在令人震撼。相对而言，

南坡林荫下分布得更密集些，往往成片生长，而其他三面，则一株一株散生在各处。

换锦花，石蒜科石蒜属，它们最大的辨识特征，是粉色花瓣的顶端常带蓝色，就好像谁不小心弄翻了蓝墨水瓶，给小公主的粉裙染上了一块块蓝色印记。在这些粉和蓝之间，还有很多渐变色。花开的不同阶段，颜色也不一样，含苞待放之时，花色紫红，随着时间推移，颜色由深变浅，慢慢变成淡粉色，最后甚至褪至粉白色。换锦花颜色之丰富多变，着实令人惊叹。这种粉蓝色的独特搭配，在植物界也非常罕见。

换锦花，在清人李调元《南越笔记》中有专条解释："脱红换锦，脱绿换锦，此换锦之所以名也。叶似水仙，冬生，至夏而落。独抽一茎二尺许，作十余花，花比鹿葱而大，或红，或绿，叶落而花，故曰脱红、脱绿；花落而叶，故曰换锦，花与叶两不相见也。"不过，这里的换锦花一般只有四至七朵，也没有见过绿色的。

"锦"字有色彩华丽之意，用来做此花的名字，再合适不过了。"换锦"一方面说明此花颜色变幻莫测，另一方面也指出了石蒜科植物的特色。

"脱红换锦"，估计是和开红花的石蒜相比较而言，同为石蒜属植物，科属长石蒜开单色的红花，而此花则变成了丰富多彩的粉蓝，故曰换锦。"脱绿换锦"，也许是指它们花叶不相见、前后相续的特点，石蒜属植物都有这个特点。换锦花叶子冬生夏落，"夏眠"度过高温之后，8、9月份才开出美丽的花朵，故曰脱绿、换锦。

《浙江植物志》曰："换锦花产普陀，杭州有栽培。"此一断语，透露两个信息：一是换锦花野外稀见，但杭州有人工栽培；二是此花多生于海岛。

浙江省亚热带作物研究所姚丽娟等专家，在 2005 年至 2008 年间对本省换锦花野生资源分布情况做了详细调查，他们在温州南麂岛、舟山列岛以及台州玉环海岛等地发现有大片野生的换锦花分布，而其他地方则未见分布。

林海伦老师却在除余姚外的宁波其他县市中，均发现了换锦花的分布，而且很多地方都是内陆地区，比如狮山公园这一片。林老师认为，换锦花是一种与大海有一定关联的石蒜植物，喜欢生长在海边或曾是海边现已变为陆地的环境中。所以，狮山公园这个小山坡，亿万年前或许就是一个小岛，尽管沧海桑田，换锦花还记得它们身上的大海基因。

换锦花所在的石蒜属家族，还是一个非常独特的家族，同属植物内部的不同种石蒜之间，在自然条件下能相互杂交形成新的种类，这在整个生物世界中都是极为罕见的。而且石蒜和换锦花之间的杂交，还会孕育出不同的孩子来，就如同龙生九子各有不同，非常有趣。林老师开玩笑说，如果说石蒜是父亲，换锦花是母亲，那么玫瑰石蒜和红蓝石蒜这俩孩子，一个像父亲，一个像母亲。

玫瑰石蒜（*Lycoris rosea*），花瓣也有中度反卷和皱缩，且散得很开，2016 年跟着林老师在鄞江看过。红蓝石蒜（*Lycoris haywardii*），与换锦花相似度很高，花瓣顶端也有蓝色，只是花瓣的红色更深些。

有专家指出，红蓝石蒜只是石蒜属的新变形，还不能作为一个独立的物种。另外还有人说，红蓝石蒜是换锦花和矮小石蒜的杂交种，但是翻遍《浙江植物志》和《中国植物志》，均无矮小石蒜的记载。宁波野外最多的就是石蒜、换锦花、中国石蒜三种，亲本也不会出于此三者之外。植物的世界，细究起来，也是这么有趣。

罗汉松

绿首绛趺离欲心

　　几场秋雨一过，天气渐渐转凉。即使秋老虎偶尔杀个回马枪，酷暑也是强弩之末，没有多少威力了。宅了整整一个夏天，终于可以外出散步了。

　　2017 年 9 月底一个中午，来到天童北路边上的绿地。在这块草地，我于春夏季节先后拍到了蓝花参、一年蓬、酢浆草、白花堇菜、紫花地丁等好多可爱的草坪植物。于是习惯性低头搜寻，希望能有新发现，比如正开花的绵枣儿之类。但找了半天，草地上并没看到啥。

　　忽然一抬头，却被一棵罗汉松（*Podocarpus macrophyllus*）树上红红绿绿的种子所吸引。这些种子，就好像一群低眉顺眼的小罗汉，在绿叶之间快乐玩耍，它们捉迷藏、竖蜻蜓、倒挂金钟，平淡无奇的绿树，一下子生动起来。观察了这么多年罗汉松，还是第一次看到它们的种子。这意外的相遇，太让我惊喜了！早就听说罗汉松种子下面的红色种托可以食用，于是不客气地摘了几颗尝尝。这些红色的肉质种托，长得像樱桃，柔柔的，软软的，味道也有点像樱桃，入口糯糯的，微甜，带点松油的涩味，味道还不错！

　　罗汉松之名，源于其种子结构。下面那红如樱桃的构造，主要功能是托住种子，故名"种托"，当然，也有以鲜艳色彩吸引雀鸟传播种子的功能。种托刚长出来时绿色，后来慢慢变黄，最后变红甚至紫黑，而味道最好就是紫黑色的时候。圆滚滚的绿色种子和红色种托连在一起，看起来就像一个身披红袈裟的小和尚，特别憨厚可爱，堪比龙泉寺机器僧贤二小师父。罗汉是有德高僧的代名词，加上此树叶子螺旋状着生，条状披针形，远观如松，故名罗汉松。

　　那么，罗汉到底是什么意思呢？在《金刚经》里，世尊藉声闻四果为喻，破除有惑可断、有果可证的妄念。其中的声闻四果，是指随佛修行之人取得的阶段性成果：初果为须陀洹，即"入流"；第二果为斯陀含，即"一往来"；第三果为阿那含，即"不来"；而阿罗汉则是声闻第四果，已断尽三界烦恼，被称为"离欲"，为修行水平非常接近觉道、佛道之人。对话中的须菩提尊者，是一位可继佛慧命之人，故佛陀赞为第一离欲阿罗汉。佛教之中有十八罗汉和五百罗汉的说法。

　　清人吴其濬《植物名实图考》曰："滇南罗汉松，实大如拇指，绿首绛趺，形状端好，趺嫩味甘，饤盘尤雅。俗云食之能益心气，盖与松柏子同功。""趺"是指碑下的石座，用来形容"种托"；"饤"意为供陈设的食品，是说红红绿绿的种子，装盘很好看。我将罗汉种子往白纸上这么随意一放，但见绿似碧玉红如玛瑙，红绿相映，实在精致可爱。吴其濬还不忘说明，种托可食，且味甘，多吃能"益心气"，这是吃货们最乐于见到的。

不过，不是每一棵罗汉松都能结"果"，罗汉松树分雌雄，雌树才能结果。我特意观察了这里的七棵罗汉松，只有两棵结"果"，一棵树上种托红黄绿三种颜色都有，另一棵树的种托已经紫黑了，其他五棵树上，均空空如也，只有绿叶森森。我以前见过的罗汉松，估计基本都是这样的雄树，我还奇怪于为什么罗汉松树上不见"小罗汉"呢。看来能够遇见结"果"的罗汉松，那也是一种难得的缘分啊！

罗汉松四季青翠，枝干苍劲古朴，再加上名字吉祥如意，是人们非常喜欢的长寿树种，在一些古老的村落里，不乏千年古树名木。据载，江西省靖安县水口乡周家村有一株1300年树龄的罗汉松，主干需几个成年人手拉手才能合抱，树干有9米多高。这株千年罗汉松年代久远，现在仍高大挺拔、英姿勃发，村民视之如神。

在七塔寺，罗汉松几乎到处可见，除了大雄宝殿前面一排为地栽，多为盆景。在寺院西侧好几幢房屋的墙根底下，摆了一长溜，都是罗汉松盆景，有的被修剪成碧云朵朵的云片形，有的被培育为自高往下垂的断崖形，还有的被塑造成旁逸斜出的斜干形，品种繁多，丰富多彩。这种刚柔相济的精神气质，与古朴雄健的寺院建筑特别相配。这种布置，也是一种无言之教，让修行之人目睹罗汉松、口念罗汉树、心向罗汉道，从而去除贪嗔痴，勤修戒定慧，早日明心见性。

罗汉松外形美好，寓意吉祥，但生长缓慢，且野生极为稀少，故罗汉松市场售价比较昂贵，每株几万元、十几万元甚至上百万元、千万元的罗汉松比比皆是。华南比较信风水的人的豪宅大院里，甚至以罗汉松的古老程度、造型别致与否作为实力比拼的指标之一。千金易得，一树难求。不少人费尽心思搜罗那些价格昂贵的罗汉松古桩盆景，以为奇货，这实在有违罗汉之"离欲"本意。

老子说过："不贵难得之货，使民不为盗；不见可欲，使民心不乱。"像这样对罗汉松的疯狂炒作，会不会像当年的兰花一样，因为巨额利润的驱使，大自然千百年来形成的天地精华被毁于一旦呢？我十分担心。

对崇尚自然的草木爱好者来说，那些被人为修剪成各种造型的盆景，美则美矣，贵则贵矣，但总不如绿地之中那些枝干健全、自由生长的罗汉松看得顺眼。

鸡冠花

一枝秾艳对秋光

　　苋科青葙属鸡冠花（*Celosia cristata*），是一种伴人花。几乎有村落的地方，不论南北，无论西东，到处可见单株或成片的鸡冠花。

　　自打记事起，这种俯视如云、侧观如扇、手感如天鹅绒的奇特花朵，似乎就在村落的房前屋后存在了。奶奶家大门口的屋檐下，有几株顽强的鸡冠花，它们旁边的野花野草，早被觅食的土鸡们啃啄抓挠得干干净净，但这几株鸡冠花在秋光之中摇曳了一年又一年。

　　鸡冠花如同凤仙花、紫茉莉等，也是一种"命贱"的花，它们不择地而生，亦不需特别打理，仅通过自播繁殖，不出几年就能扩展成片。不过，熟悉的地方没风景。这恍如村子一部分的鸡冠花，虽然认识了几十年，却没有细细观察过它的细节。

　　2018 年 8 月下旬的上海植物园之行，再次邂逅这些童年的老朋友，才意识到那鸡冠模样的部分并不是"花"，只是花序轴顶部的"变态"而已。它们真正的花，在鸡冠下部，细如蓼花，密密布满花序轴两面，有蚂蚁在其间爬来爬去，蜂蝶在"紫云"间翩翩起舞。

　　清人陈淏子在《花镜》里说："鸡冠似花非花，开最耐久，经霜始蔫。"
不过，《中国植物志》却语焉不详，其记载是："花多数，极密生，成扁平
肉质鸡冠状、卷冠状或羽毛状的穗状花序"，并未明确指出顶端那鸡冠状的
并不是它们的花。

　　花序轴膨大变态而形成的"鸡冠"，形大而色艳，弥补了鸡冠花花小香
淡的不足，是吸引各路传粉者的利器，是植物在长期演化过程中形成的生
存智慧。推而广之，同属植物青葙的花序轴顶部，有一抹紫色的尾巴尖，
主要作用也是通过鲜艳的色彩来吸引蜂蝶。

　　鸡冠花是一种极乡土的花，也是一种雅俗共赏之花，不仅村人们喜爱，
诗人们对于鸡冠花，亦从不吝惜溢美之词。

　　"一枝秾艳对秋光，露滴风摇倚砌傍。晓景乍看何处似，谢家新染紫罗
裳。"唐诗人罗邺对鸡冠花高贵的紫色赞赏有加。"花蕊成冠巧学鸡，刻雕
谁谓染胭脂。晓来得雨犹鲜好，却似昂然欲斗时。"两宋之际抗金名臣李纲
的这首鸡冠花，何尝不是其战斗精神的夫子自道呢？而北宋诗人赵企的《鸡

冠花》最有趣："秋光及物眼犹迷，着叶婆娑拟碧鸡。精彩十分佯欲动，五更只欠一声啼。"不但想象奇特，而且把鸡冠花的精气神描写得活灵活现，真正好诗！

鸡冠花最常见的颜色是紫红色。陈淏子《花镜》曰："有红、紫、黄、白、豆绿五色，又有鸳鸯二色者，又紫、白、粉三色者，皆宛如鸡冠之状。"明人吴彦匡《花史》记载了一则该朝翰林学士解缙与白鸡冠花的趣事："解缙尝侍上侧，上命赋鸡冠花诗。缙曰：'鸡冠本是胭脂染'，上忽从袖中出白鸡冠，云是白者，缙应声曰：'今日如何浅淡妆。只为五更贪报晓，至今戴却满头霜。'"看来，明成祖是存心想捉弄一下解缙，不过这难不倒机敏的解缙，反而成为其大展捷才的一次良机。

以"鸡冠"名此花，应该说是极贴切的。然而李渔在《闲情偶寄》中却有不同意见，他说："花之肖形者尽多，如绣球、玉簪、金钱、蝴蝶、剪春罗之属，皆能酷似，然皆尘世中物也；能肖天上之形者，独有鸡冠花一种。"他认为鸡冠花"就上观之，俨然庆云一朵"，而当时的命名者，居然舍天上极美之物，而搜索人间，实属不应当，并且认为"鸡冠虽肖，然而贱视花容矣，请易其字"。他的建议是名之"一朵云"。"此花有红、紫、黄、白四色，红者为'红云'，紫者为'紫云'，黄者为'黄云'，白者为'白云'。又有一种五色者，即名为'五色云'。以上数者，较之'鸡冠'，谁荣谁辱？花如有知，必将德我。"

杜牧《泊秦淮》有"商女不知亡国恨，隔江犹唱后庭花"。那么，"后庭花"到底是啥花呢？两宋时人普遍认为是

一种矮鸡冠花。

北宋苏辙《寓居六咏》有一首专咏鸡冠花："大鸡如人立，小鸡三寸长。造物均付予，危冠两昂藏。出栏风易倒，依草枯不僵。后庭花草盛，怜汝计兴亡。"其诗后自注云："或言矮鸡冠即玉树后庭花。"南宋杨万里《宿花斜桥见鸡冠花二首》亦有此说："陈仓金碧夜双斜，一只今栖纪渻家。别有飞来矮人国，化成玉树后庭花。"南宋王灼所著的词曲评论笔记《碧鸡漫志》亦有专条记载："吴蜀鸡冠花有一种小者，高不过五六寸。或红、或浅红、或白、或浅白，世目曰后庭花。"

不过也有人提出不同意见。《御定佩文斋广群芳谱》卷第五十二摘录了《花木考》一书的观点："苏黄门咏鸡冠花诗'后庭花草盛，怜汝系兴亡'。世遂以鸡冠为玉树后庭花，不知世说诸书有'蒹葭倚玉树'语，杜少陵《饮中八仙歌》复有'皎如玉树临风前'之句，玉树一种，断非草本，或又谓

《花经》所载，别有后庭，岂花名后庭，而以玉树嘉之耶，且宋、元以来，或以为山矾，或以为场花，杨用修、王敬美复以为丁香、栀子，鸡冠之说，何可尽信也。"

细读此段评论，反驳似乎不是特别有力，作者反对的是玉树和后庭花混在一起的观点，无法否定苏辙之说。小山以为，鸡冠花本来就是庭前庭后常见之花，名之为后庭花实无不妥。鸡冠花形态有多种，典型的鸡冠花之外，还有一种现代园林普遍运用的凤尾鸡冠花，植株矮小，花形如燃烧的火焰，黄、红诸色居多，如果是白色的凤尾鸡冠，可不就是"玉树"吗？

当然也有人认为后庭花是臭梧桐，即植物志之海州常山。清人赵学敏《本草纲目拾遗》曰："臭梧桐者，吴地野产，花色淡，无植之者，淮扬间成大树，花微红者，缙神家植之中庭，或云后庭花也。"《中国植物志》所记海州常山别名之中，后庭花亦赫然在列。此之后庭花，是否就是陈后主之玉树后庭花，或者普通庭前庭后之花，亦无法证实。

后庭花到底是什么，并不是特别重要。只要我们读唐诗之时，能将虚无缥缈的后庭花落到一种实物之上就行。至于是落在鸡冠花之上，还是臭梧桐之上，那就悉听尊便了。

桃胶

桃花有泪凝成胶

自小生活在农村，房前屋后就是桃、李、橘、柚等果树，对于桃胶，最熟悉不过了。但我们从小被告知，桃树上这些黏糊糊油亮亮的东西，是"哔呦"（知了）屎。于是感觉桃胶很脏，连碰都不会碰，更别说吃了。现在和高中同学聊起桃胶，他们还是这种观点呢，可见讹传入脑之深。

从植物学来说，桃胶又名桃凝、桃脂、桃花泪，是桃树树皮在受到外力伤害或细菌感染之后，基于自我保护所分泌出来的一种半透明胶状物质。刚分泌出来时是液态的，具黏性、黄色，此时收集，称为桃油。太阳暴晒、风干之后，质地变得坚硬，断面也出现光泽感，呈红棕色、黄色、白色等不同颜色，这时候采集的，才是桃胶。

对于桃胶，果农心里其实挺复杂。因为植物产胶一直被视为果树非正常代谢所致，桃胶分泌越多，产桃量越低，久而久之，可能会使桃树皮层和木质层变褐、腐烂，致使树势衰弱，严重时，枝干或全株枯死。所以果农考虑更多的，是如何防止出现桃胶。

当然，在桃胶风靡、价格陡升的情况下，如果能找到一种科学方法，在不损害桃树健康的前提下，既保证桃的产量，又能收获一定桃胶，倒是果农增收的一种好方法。李时珍《本草纲目》曾记载："桃茂盛时，以刀割树皮，久则胶溢出，采收，以桑灰汤浸过，曝干用。"这颇有点像橡胶割制之法，估计比细菌入侵导致的泌胶，要对桃树好一点，不知是否有人做过对比实验。

梁美宜等人在《广东药科大学学报》上发表的研究报告表明，好的桃胶，是指那种多糖含量比较高的桃胶。故此，质量上乘的桃胶，对树种和树龄还是有要求的。他们通过实验发现，黄桃、蟠桃、红桃和水蜜桃等桃树产生的桃胶质量最好，至于桃树树龄，则以七至十年为宜。如果奉化水蜜桃主产区的一些桃园符合这些条件，倒是可以做些尝试，看看能否"桃胶、桃子两相宜"。

一直想拍桃胶，却因为不知道季节，加上桃园又远，总难如愿。9月1日，送女儿上大学。那天，大雨一直下个不停，到处湿答答的，搬东西、办事情，

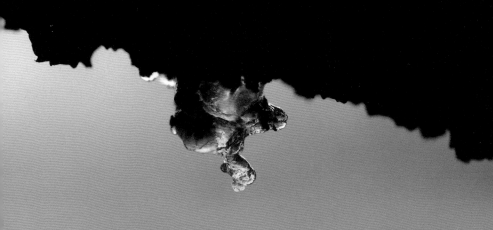

着实不便。吃过午饭，从食堂出来，忽然瞥见楼前那一片桃树林的树干之上，流着亮晶晶的桃胶，有的黄褐似琥珀，有的洁白如水晶，各种颜色都有。因雨水浸泡太久，很多桃胶膨胀得很大，有些还在缓缓往下滴，很有点"桃花堕泪"的感觉。意外邂逅，而且还带着相机，我大喜过望，真是"踏破铁鞋无觅处，得来全不费工夫"！

桃胶被商家喻为"植物燕窝"，大有被神化之态势。在微信朋友圈晒了一下自己拍的桃胶美图，顺便做了个小调查，想看看哪些地方有吃桃胶的习惯，都是怎么吃的。评论之热烈让我始料未及，原来桃胶作为美容食品，早就在圈内女士中普及了。朋友们的吃法以甜品为主，但添加的辅料却不尽相同，加银耳、莲子、百合或燕窝较为常见，还有加枸杞、配椰浆、炖鸽子蛋的，五花八门，不一而足。很多东西，只要一沾上"美容养颜"等字眼，顿时身价倍增，让爱美人士趋之若鹜。

桃胶到底有些什么功效？

我们先来看看古人的记载。李时珍在《本草纲目》中指出，桃胶的功效是"和血益气，治下痢，止痛"。现代研究也表明，桃胶在辅助治疗糖尿病、泌尿系统结石等疾病方面，疗效还是不错的。

李时珍还在书中列举了历代医家之仙方服胶法。比如北宋苏颂说："本草言桃胶炼服，保中不饥……久服身轻不老。"但需将桃胶在栎木灰汁中浸

泡之后，经过三煮三晒炮制成蜜丸，每次空腹酒服二十丸才行。再如葛洪《抱朴子》云："桃胶以桑灰汁渍过服之，除百病，数月断谷，久则晦夜有光如月。"

按照这些神仙家所言，桃胶简直就是灵丹妙药，久服之后，要么"身轻不老"，要么"晦夜有光如月"，但制作及服用方法并不一致，有的要严格炮制，有的则用桑灰汁渍过就行，不知道哪种是科学的，让人无所适从。所以，李时珍才会在文后提出疑问："古方以桃胶为仙药，而后人不复用之，岂其功亦未必如是之殊耶？"由此看来，早在明朝之际，就没有多少人吃桃胶了，只是偶尔作为一味药材来辅助治病而已。

四百多年后的今天，桃胶再次风靡，被商家吹得神乎其神，和当年的"仙药"几乎等同。当爱美之士把桃胶奉为"养颜神药"时，是不是可以回想一下李时珍先生的疑问呢？退一步想想，在产果与产胶难以兼顾的情况下，桃胶的产量必定有限，即使有点桃胶，或许还可能有农药残留。市场上出售的桃胶，质量良莠不齐。那些颗粒和颜色都比较均匀的桃胶，就有人工制造的嫌疑。因为天然的桃胶，颗粒大小不一，颜色更有差别。所以在购

买桃胶时，一定要注意鉴别，否则赔了金钱还伤身。

咱们再来看看桃胶的化学成分，就知道桃胶也不是啥神奇的东西。现代科学研究表明，桃胶主要包括多糖、水分、蛋白质、微量元素等成分，其中多糖占 80% 左右。多糖的确具有免疫调节、抗肿瘤、降血糖、降血脂、抗辐射、抗菌抗病毒、保护肝脏等保健作用。但多糖不仅仅在桃胶中有，还广泛存在于大枣、绞股蓝、虫草、黑豆、无花果、猴头菇、中华猕猴桃、白术、防风、地黄、枸杞、杜仲、女贞子等很多植物中，菌类植物灵芝、茯苓、银耳、香菇也富含多糖成分。

多糖存在于如此众多的食材之中，而各种食材又对应不同体质和症候的人群，比如孕妇和肠胃功能不佳的人，就不适合食用桃胶。所以，我们千万不能人云亦云，乱补一气。有时候尝个鲜就好，不必把桃胶太放在心上。愚以为，与其听从商家对桃胶功能的夸大宣传，冀求通过服食桃胶来美容养颜，还不如科学安排好自己的作息时间，合理饮食，适当运动，这才是真正长久的美容养颜之道。

杜仲

银丝绵绵思有道

　　植物辨识的难易程度，和人类视角密切相关。如小乔木、灌木、草本、藤本等，摸、闻、看、摄都比较方便，认知机会更多一些。而高耸入云的大乔木，或细如草芥的苔藓类，一个"够不着"，一个"看不清"，普通草木爱好者较难涉足。

　　杜仲（*Eucommia ulmoides*），作为我国赫赫有名的传统中药材，又是我国特有的古老孑遗植物，其名早已烂熟于心，但因其树形高大，乍看实在普通，且平时难得一见，如非机缘巧合，认知的确不易。我对杜仲的辨识，就经历了"纵使相逢仍不识"的过程。

　　2017年7月23日，跟着林海伦老师去宁海最偏远的逐步村。途中，在一个村庄休息时，林老师指着身边的两株大树说，这是杜仲。我赶紧绕着它们转了两圈，却看不出此树的特别之处，但林老师将树叶对折后演示的"叶断丝连"这个关键特征，倒是牢牢记住了。

　　二见杜仲，是2018年4月30日在奉化岩坑村村头。那时刚吃过林老师亲手做的乌米饭，他随手指着边上的几棵大树考我，问是啥树。我细细观察，其枝叶间结有扁平而长的翅果，树叶宽如手掌、叶顶渐尖、缘有细锯齿，看起来有点眼熟，有点像樱桃树，但和果一结合，就不能答了。林老师笑着说，这是上次看过的杜仲啊。

2019 年 8 月的一天，从坝上回到北京，带着女儿逛北京植物园，看到一株挂着杜仲牌子的大树，树上的翅果快成熟了，颇有点他乡遇故知的感觉。摘了一片叶子折断给女儿看，让她感受一下杜仲的神奇。这是第三次遇见杜仲了。

最近一次遇见杜仲，是在国庆节。窗前的大学闺密来甬小住。巧的是，他们家一双儿女对博物很感兴趣，姐姐玥玥喜欢植物，弟弟佑佑喜欢昆虫。我带着他们到处认花识草捉虫，玩成了忘年交。

台风"米娜"过境后的次日夜晚，陪姐弟俩去小区荡秋千。偶然看见一棵大树被吹倒在塑胶跑道旁，玥玥跑过去摘了两片叶子，说要做标本，问我是啥树。我摸了摸树干，拿着叶子看了半天，感觉有点像樱花树，但树皮却是浅浅的纵裂纹，没有樱花树那种凸起的细横纹，于是猜测是否朴树之类。回家查植物图鉴，半天查不出来。姐弟俩的爸爸用识花软件一查，显示是杜仲。我折断叶子，还真是"叶断丝连"。小区居然有杜仲，这太让我惊喜了！

据说杜仲的树皮里也有银丝。次日一大早，我带了一把小刀，去现场剥了一小块树皮，折断，果然韧皮部也有密密一层银丝！不用点力气，这层银丝还拉不断呢！再细看，那片区域，除了倒掉的这株，竟然还有九株十几米高的杜仲。树上看不到翅果，我知道杜仲是雌雄异株，不知这些树是雄树还是雌树。这有待来年继续观察。

作为被中国人利用了几千年的名贵药材，杜仲身上承载了很多文化内涵。

杜仲之名就很值得一说。杜仲，听起来很像人名。李时珍在《本草纲目》中就指出："昔有杜仲，服此得道，因以名之。思仲，思仙，皆由此义。"

所以，杜仲的命名方式，与何首乌比较类似。《纲目》关于何首乌的名字，也有解释，"其药本草无名，因何首乌见藤夜交，便即采食有功，因以采人为名尔"。

当然，民间还有另外两个关于杜仲之名的传说，皆不可考，姑且录之一阅：

一个来自湖南，说洞庭湖区域有一名纤夫名为杜仲，为解决兄弟们积劳成疾的腰疼病，发愿进山寻找良药，经人指点采得一种树皮，彻底治好了纤夫们的老毛病。他本人却在一次采药过程中失足丧命，人们为纪念他，将此树唤为杜仲。

另一个版本来自四川，说有一位青年李孝，为治好父母的腰腿疼病，翻山越岭去找草药，中途救了一位老人，而老人为报答他，告诉他一个治病良方。李孝回家之后用老人指点的树皮煎水，果然治好了父母及一些乡亲的老毛病。大家问这个树皮是啥，李孝说当时只听老人唱道："此木生土旁，人中亦平常。扶危去病魔，何需把名扬。"一位书生就依前两句诗意，将此树命名为杜仲。

旷世奇才苏轼天性诙谐幽默，以拟人手法写了不少物品的传记小文，比如写干贝的《江瑶柱传》、写柑橘的《黄甘陆吉传》、写茶叶的《叶嘉传》、写砚台的《万石君罗文传》，等等。这些文章皆生动活泼、暗含寓意，读来十分有趣。

其中写杜仲的小文题为《杜处士传》，617个字，却暗含70多味中药名。文章连缀得天衣无缝，成功塑造了"就有道而正之"的好学青年杜仲、"循循善诱能发其心"的大儒黄环两个鲜明的文学形象，实在令人拍案叫绝。

杜仲，是杜仲科杜仲属落叶乔木，高可达20米，为单科、单属、单种植物，也就是说，该科就这么一根"独苗"。翻开植物志，会发现这样的"独苗"植物都很牛，如同样单科单属单种的银杏，以及单属单种的水杉、珙桐，

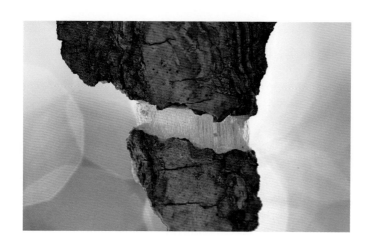

都有"活化石"之美誉，是地质史上残存下来的孑遗植物，它们对于研究被子植物系统演化以及中国植物区系的起源等诸多方面，都具有极为重要的科学价值。

在新生代第三纪时，杜仲曾广布于欧亚大陆，但在第四纪冰川到来之后，它们便在欧洲和其他地区相继消亡了，只生存于我国中部地区，大致分布在秦岭淮河以南、五岭以北的区域，集中分布在长江中上游。所以，我国是现存野生杜仲资源的单一保留地，约占世界杜仲资源总量的99%以上。

成书于公元前100年左右的《神农本草经》，将杜仲列为上品。其入药部位主要是干燥的树皮，主治"腰膝痛，补中益精气，坚筋骨，强志，除阴下痒湿，小便余沥。久服，轻身耐老"。现代研究表明，杜仲在降血压、医治风湿及习惯性流产等方面疗效也不错。日本人对杜仲的研究走在国际前列，他们用杜仲叶和杜仲雄花制成茶饮料，据说有良好的保健效果。

杜仲皮那些扯不断的银丝，是其富含杜仲胶的具体体现。杜仲胶又被称为"中国橡胶"，和原产巴西的橡胶相呼应。

炮弹花

枪炮玫瑰交响曲

2016 年国庆节，陪父亲去新加坡、马来西亚旅行，遇到的草木之中，最值得记录的，莫过于炮弹树。它的独特花形、怪异果实，都让人印象深刻。

那天，陪父亲晨练，顺便去看看曾经的世界第一高楼吉隆坡双子塔。出酒店右拐，上小坡，路过一个神庙，庙顶有彩塑，颜色鲜艳，造像生动。庙里人头攒动，传出悠长的唱诵之音。

正待继续赶路，忽然看到路边有几朵从未见过的红色落花。抬头一望，原来是一棵老茎生花的大树上掉下来的。路边有七八棵这种树，树干上都长出了纠缠不清、带有花苞花朵的枝条。看花形，隐约记得好像是拈花惹草部落有人发过的炮弹花，一查资料，果其然！

原以为炮弹树长在人迹罕至的热带雨林深处，难得一见，这次居然在吉隆坡街头偶遇，真让我喜出望外！有资料记载，因炮弹花有点像印度教的梵蛇或圣蛇的头盖，故炮弹树被教徒认为是印度教的圣树，会在神庙周围栽种，故此能在这里巧遇它们。

炮弹树（*Couroupita guianensis*），因果实形似古时生锈的炮弹而得名，

145

原产南美洲的圭亚那、巴西和加勒比海等地区，但在马来西亚名气很大。何以知之呢？2002年2月5日，中国与马来西亚共同发行了一套珍稀花卉邮票（2002-3），共2枚，马来西亚选的是炮弹花，我国选的是中国独有、世界知名的名贵茶科植物，即有"花中皇后"美誉的金花茶。从这个角度来说，炮弹花由看似吓人的"炸弹"，摇身变为增进两国人民友谊的使者，也正好切了本文标题：由枪炮到玫瑰。

炮弹花最为奇特之处，是它的雄蕊，看起来好似一个往上卷的舌头，而且舌根和舌尖上的雄蕊还不一样，这就是植物学上的"异型雄蕊"现象。在大多数植物中，一朵花内的雄蕊在形态、大小、颜色等方面是基本相同的，即"同型雄蕊"。但在野牡丹科等一些种类里，同一朵花的雄蕊在形态、大小、颜色以及功

能等方面有显著区别，称为"异型雄蕊"，炮弹花亦属此类。

"异型雄蕊"是雄蕊的一种特化形式，一朵花内的雄蕊会产生分化。舌尖那些长得像海葵触须一样的雄蕊，即"传粉型雄蕊"，会产生可育花粉，而花冠之内那些像黄金地毯一样的雄蕊，只能产生败育花粉，就是给传粉昆虫提供食物的"给食型雄蕊"。当传粉者将身体挤入这两种雄蕊之间，从"给食型雄蕊"中采集花粉时，上部的"传粉型雄蕊"恰好与其头部及背部接触，其中的花粉也随之附着在传粉者身上，实现传粉。

植物繁衍的智慧，令人叹为观止。

吴茱萸

醉把茱萸仔细看

一年一度秋风劲。岁岁重阳，今又重阳。

谈起重阳节相关诗文，首先浮现在脑海的，也许是王维那首千古绝唱《九月九日忆山东兄弟》。此诗简单直白，却直指人心，是异乡游子怀念家乡最动人的心情写照。然而，本文并不想谈"独在异乡为异客，每逢佳节倍思亲"的漂泊之感，而是想谈谈"遥知兄弟登高处，遍插茱萸少一人"的茱萸故事。

重阳节登高望远、插戴茱萸，是我国的古老风俗。南朝史学家、文学家吴均有一部志怪小说集《续齐谐记》，记载了此一风俗之起源："汝南桓景，从费长房游学累年。长房谓曰：'九月九日，汝家当有灾，宜急去，令家人各作绛囊，盛茱萸以系臂，登高饮菊花酒，此祸可除。'景如言，举家登山。夕还，见鸡犬牛羊一时暴死。长房闻之曰：'此可以代也。'今世人九日登高饮酒，妇人戴茱萸囊，盖始于此。"虽然这只是一个传说，但也反映出先民们当时的普遍心理，在季节交替之际，登高、饮菊花酒、插戴茱萸，主要目的就是祛邪避祸、祈福求安。

　　茱萸也是唐诗中常见的咏物题材，在当时，有将写茱萸写得最好的诗人杜甫、朱放、王维合称为"三茱萸"的逸闻雅事。唐韩维《九日席上赋得茱萸》之中有"三英佳句在，殊喜继风流"之句，即指此典故。杜甫在《九日蓝田崔氏庄》写道："明年此会知谁健？醉把茱萸仔细看"，诗人沉重的心情和深广的忧伤，在醉里这"一问一看"之间表露无遗。"那得更将头上发，学他年少插茱萸"，出现在朱放的《九日与杨凝、崔淑期登江上山会，有故不得往，因赠之》之中，表达的也是他面对岁月逝去无可奈何的感伤心态。宋人洪迈《容斋随笔》也记载了"三茱萸"之事，他还一口气找出十几首茱萸诗，但觉得都不如杜甫，此处不一一细表。

　　古人用字简约，或者说当时世所共知茱萸何指，故诗词及文献中只用"茱萸"二字。但在现代植物学中，茱萸却有吴茱萸、山茱萸等不少种，科属也不同。吴茱萸为芸香科吴茱萸属，而山茱萸为山茱萸科山茱萸属。二者虽均为落叶小乔木或灌木，但形态、气味差别很大。吴茱萸单数羽状复叶，聚伞形花序，花小，白绿色，果实紫红色，五颗围成一圈，表面粗糙，有凸起的斑点，像个微型小南瓜，皮破之后，会露出黑漆漆的种子，芳香浓烈。山茱萸叶对生，椭圆，弧形脉很好看，和四照花的叶子很像，伞形花序生于枝侧，小花黄色，花瓣四个，反卷，先叶而生，核果枣红色，有点像小番茄。

　　时至今日，诗中"遍插茱萸少一人"之"茱萸"到底为何，争论不一，焦点集中在吴茱萸和山茱萸二者。王笑尘在 2001 第 3 期《中药材》发文，考证"茱萸"为"山茱萸"，反响最大，华南植物园官微亦有文章持如是观点。山茱萸派主要论据，估计来自《中国植物志》吴茱萸"产秦岭以南各地"的记载，认为王维老家在秦岭以北的蒲州，即今之山西运城永济市，地在华山以东，故诗中称"山东"兄弟，非今之齐鲁山东。而《中国植物志》记载，山茱萸南北皆有，陕甘晋鲁皆产。且山茱萸果实至秋"红艳欲滴、

吴茱萸（王晓艳／摄）

山茱萸（木棉爱摄影／摄）

晶莹剔透"，插在头上很好看。在我看来，山茱萸派的观点实在有点片面和单薄，稍微引证相关诗词及文献，就会发现此派观点基本站不住脚。

秦汉时期成书的《名医别录》曰："吴茱萸生上谷、川谷及冤句。九月九日采，阴干。陈久者良。"上谷为今之河北省张家口，冤句为今之山东省菏泽市，说明秦汉之际，吴茱萸在北方就分布普遍。唐代鄞县人陈藏器在其著作《本草拾遗》中指出："茱萸南北总有，入药以吴地者为好，所以有吴之名也。"作为同时代人，他的观点最有说服力。

在唐诗之中还可以找到一些证据，比如王维与裴迪就有关于吴茱萸的唱和诗。王维写道："结实红且绿，复如花更开。山中傥留客，置此芙蓉杯。"裴迪和诗："飘香乱椒桂，布叶间檀栾。云日虽回照，森沉犹自寒。"他们说的就是王维辋川别业附近的一片吴茱萸。辋川在今之蓝田县，亦在秦岭之北，同样长有吴茱萸。即使植物志说吴茱萸产于今之秦岭以南，也不见得秦岭附近的山西运城就不产吴茱萸。故吴茱萸产地之说，显然不足以证明其观点。

其实最需要弄清楚的，是为何要插茱萸或者佩戴茱萸。古人一直有佩戴芳香浓烈之品如藿香、佩兰等的习惯。从本草记载和医家对茱萸的认识来看，吴茱萸性温，气味浓烈辛躁，而山茱萸性偏平，无特殊气味。端午节在门上插艾蒿，也是利用其强烈的气味来驱瘴辟邪，这和古人佩戴茱萸香袋和头上插茱萸祛邪避祸是一个道理。《本草纲目》吴茱萸条目下，引用了两则资料，亦可证明这一点。其一引《淮南万毕术》云：井上宜种茱萸，叶落井中，人饮其水，无瘟疫。

吴茱萸（张孟牟／摄）

悬其子于屋，辟鬼魅。其二引《五行志》云：舍东种白杨、茱萸，增年除害。从这些资料可以看出，古人对于吴茱萸和山茱萸之区别，区分得很清楚，故从效果和文献两方面来看，茱萸为吴茱萸无疑。

吴茱萸在宁波分布很广泛，可谓"处处有之"。曾在宁海大短柱"刷山"，再次遇见许多株赤果累累的吴茱萸，非常开心。联想起唐人"三茱萸"之雅事，古今时空之差异，瞬间消失，再读这些诗篇，更觉亲切有味了。重阳已至，秋色斑斓，有兴趣者正好登高望远，说不定还能偶遇一树吴茱萸，不妨折取一枝，或插发间，或细细把玩，那感觉，真是相当美好。

火炭母

花开时节又逢君

　　自从爱上植物，每次出差或旅行，总会睁大好奇的双眼，欣赏陌生地方的花草树木，并自动和宁波对比，看看其有何异同。这是我最大的乐趣之一。

　　在马来西亚吉隆坡，树形高大花朵鲜艳果实如球的炮弹树，给我留下了难忘的印象。而在花园城市新加坡，好似一把把绿色巨伞插在城市每一条道路的雨树，是其街头最具特色的风景线。好几次春末去到深圳，看到城市郊野成片成片的南美蟛蜞菊，让人心生好奇，后来才知道该种植物已失控逸为入侵物种。还有北京的毛白杨、南京的法国梧桐、厦门的凤凰花、广州的木棉树以及成都的刺桐树，都给我的出差或旅行增加了许多美好而具体的回忆，以至于一看到这些植物，就会想起相应的城市。

　　2017年11月底的温州之行，最让我惊讶的，不是江心屿那有故事的樟抱榕，也不是百丈漈色彩斑斓的枫叶，更不是乌岩岭黄叶满地的水杉。即使泰顺廊桥边那惊艳了我的百年乌桕树，也是意料之中会遇见的，并没有多少想书写的欲望。本篇最想记录的，只是那些步履所至随处可见，并不

特别起眼的蓼科蓼属植物火炭母（*Polygonum chinense*）。

之前遇见火炭母，基本都在热带地区，如深圳的梧桐山山顶，桂西南的德天瀑布附近，以及马来西亚，不过只是偶尔看见几株。而在宁波，看到过十几种蓼，但其中并无火炭母，以至于我有一个误解，以为这种蓼科植物一般生长在岭南及以南地区。忽然在温州大面积遇见，颇觉意外。

火炭母是多年生草本植物，茎直立或攀缘。温州看到的，以攀缘型为主，大多匍匐在地，其茎节上生有不定根，节上会长出分枝，有时候看起来是一小丛火炭母，茎拉起来一看，其实只是一株而已。2016 年 10 月份在海拔1800 米的马来西亚著名娱乐胜地云顶高原，看到一丛直立的火炭母，株型特别高大，足有一人多高，要不是看到它们黑黑的果实，都有点不敢相认。

火炭母的最大辨识特征，就是它们黑黑的果实，因漆黑如炭，故名火炭，而"母"是指包在果实外面那一层透明的肉质宿存花被，好像透明的水母一般。这个季节，正是火炭母花果同在的时节，摘几个干净的果实放进嘴里，轻轻咬下去，汁水在嘴里溅开，微酸，还挺解渴。此物清热解毒，那几天正患着咽喉炎，于是多吃了三五把。

因具有清热利湿、凉血解毒、平肝明目、活血舒筋之功效，火炭母全草在岭南是一种可药可食的宝物。有些广东人常常以火炭母泡茶喝，也有些广东人用火炭母煲汤，如炖猪血、炖瘦肉等，用来治消化不良、跌打损伤等。

火炭母小花乳白色，微黄，其花序和刺蓼、头花蓼、尼泊尔蓼等是一类，属于头状花序，与红蓼、水蓼、酸模叶蓼等穗状花序截然有别。火炭母叶互生，基部截形或宽楔形，先端渐尖，像一个圆胖的三角形，或者一个圆胖的箭头。火炭母叶子的变异比较大，热带地区火炭母的叶子，有时会变红，中间还会有 V 形斑块，广东人称之为"天师印"，但温州这些火炭母，似乎更加温润一些，叶子都是绿色的，斑纹似乎也没有看见。

回头想想，其实在温州遇见火炭母，也不算奇怪。其地理位置，本来就属于浙闽交界之处，处于华东向华南的过渡地带，出现一些闽粤常见植物，应属合理。在江心屿和城市道路上，可以见到各种榕属植物，尤以小叶榕最为常见，这种树在福州、厦门、广州均为行道树主力树种之一，温州还将其定为市树呢，福州被称为榕城，市树也是榕树，台北也是。江心屿东塔塔顶那棵树，也是一株榕树，枝叶蓬勃丛生，覆盖塔尖，气根悬垂塔内，成为奇景。这次行走街头，还看到好多红花羊蹄甲，就是被作为香港区花的洋紫荆，这是在浙江其他地方更加看不到的，而在广东街头，到处都是。

总体来讲，温州的植物，既有华东的特色，也有华南的气质，值得好好欣赏玩味。

榔榆

干如锈铁汁如血

俗语有"北榆南榉"之说，意为北方多榆树，南方多榉木，故榆科榆属植物，在浙江并不多，《浙江植物志》列举了 9 种，其中全省最为常见也是我个人颇为喜欢的，是独具特色的榔榆（*Ulmus parvifolia*）。

谈榔榆之前，先说说榆科榆属的科属长榆树（*Ulmus pumila*）。在中国传统文化之中，榆树是和桑树齐名的树种之一。在不少成语中，桑、榆连在一起使用，如"桑榆暮景"，又如"失之东隅，收之桑榆"。"桑榆"意为日落时阳光照至桑榆树端，用以指日暮。

唐诗中提到"桑榆"的作品也不少。如初唐诗人王勃在《滕王阁序》里，即有"东隅已逝，桑榆非晚"的句子。中晚唐诗人刘禹锡《酬乐天咏老见示》中的"莫道桑榆晚，为霞尚满天"，则更为著名，与曹孟德的"老骥伏枥，志在千里；烈士暮年，壮心不已"有异曲同工之妙。

北方榆树常见，无须赘言，问题是宁波有没有榆树呢？查《浙江植物志》，有记载说"全省平原地区普遍栽培，尤以杭嘉湖平原最多"，似乎浙江西、北部常见，宁波并未被重点提及，应该也有，但我尚未观察到。不过，

榆树的变种——垂枝榆（*Ulmus pumila L. 'Tenue'*）却是比较常见的，二号桥附近的甬港北路、儿童公园都有配置。垂枝榆叶子脱光的时候，枝干弯曲盘旋，形同龙爪槐，及至互生、多锯齿的叶子长出来，便可和羽状复叶的龙爪槐轻松区别开了。

浙江九种榆属植物，多数分布在个别县市，唯有榔榆"全省各地均产"，故在宁波多见。榔榆有很多别称，如小叶榆、秋榆、掉皮榆、豹皮榆、挠皮榆、红鸡油等。从这些别称之中，我们可以解读出榔榆的很多信息，从而更好地了解这种植物的突出特征。

榔榆别名小叶榆，是和科属长榆树相比较而言的。榔榆的叶子多而繁密，质地相对更厚，而尺寸只有榆树叶的二分之一左右，故称小叶。之所以被称为秋榆，是因为一般榆属植物多在春天开花生荚，独有榔榆花开在夏秋之际，故曰秋榆。《本草纲目》曰："大榆二月生荚，榔榆八月生荚，可分别。"

红鸡油这个别名最奇怪，想来是指榔榆"伤口"流出的红汁液，很多关于榔榆古树的报道提到这一点。《国土绿化》2015年第1期报道了陕西咸阳市永寿县甘井镇北五星村云寂院内的一株榔榆，树龄约1610年，高约20米，树冠覆盖面积240平方米。据说，如此高大的榔榆，全国仅存4棵，是林木中的"活化石"。20世纪60年代，邻村一王姓村民试图砍伐此树当柴火，但在砍伐大树主干时，树身流出血色汁液，被吓止。《十堰晚报》有一篇关于当地榔榆古树的报道，题目就是《十堰房县现3600岁古榔榆树，流出树浆如鲜血》。

别名之中，与树皮相关的最多，如掉皮榆、豹皮榆、挠皮榆等都是。榔榆最明显的辨识标志就是树皮。到一定树龄的榔榆，其树皮会不规则地鳞片薄片状剥落，露出淡黄或淡红褐色内皮，整个树干呈现出豹皮或祥云的纹路，颇具艺术之美，和法国梧桐、豹皮樟属于同一种类型。走到树下，不看花叶果，光看树皮，就能很轻松地认出它们。而北方常见的榆树皮，却是不规则深纵裂，非常粗糙，和老樟树比较类似。另外，榔榆树皮也不像榆树皮那么有用，只是用来观赏的，而榆树皮却可以磨成粉食用，被称为"榆面"。

榔榆生长阶段不同，树皮颜色也不一样。年轻的榔榆，外层颜色灰白，内层米黄，看起来清新淡雅一些。宁波姚隘路的中兴路至福明路路段，道路中间隔离带颇宽，有不少这样的榔榆。每次开车路过，总不免多看两眼。

年份较久的榔榆，树皮灰褐色，内层深黄，树干好似铸铁生锈一般，看起来非常结实。榔榆在陆地和水岸边皆可生长良好，近水岸边的榔榆，基部还会生长出板根，帮助固定主干，畅通呼吸。我在上海辰山植物园水生植物区域，就看到这么一棵板根明显的榔榆。

总体来看，榆树浑身上下可以食用的地方颇多，从叶子、树皮到嫩翅

果都可以吃，这或许是不少北方人荒年之中记忆深刻的口中之食。而榔榆叶小荚小树皮妙，到深秋初冬，叶子还会变色，是一种非常好的观赏树种。比起榆树，其适应性更强，分布更加广泛，华北、华东、西南、华南皆有。我曾在武汉大学的荷花池边、温州的江心屿景区，以及上海辰山植物园，均遇见过不少有点年头的榔榆树。

我印象最深的榔榆树，有两棵，都在宁波。

一棵在鄞州公园。这里榔榆很多，大致有七八十棵，分散在公园各处，有的成片种植，蓬勃向上，气势颇盛；有的一棵独立，冠幅开阔姿态潇洒；有的在假山边，树石相得益彰；有的做成古木桩造型，好似浮云片片。它们大大小小，高高低低，形态各异，均与周边的环境搭配得宜，为公园增色不少。其中一棵种在公园东北角附近的水岸边，高2米左右，树冠舒展，形态优美，旁边有稍高一点的三株乌桕树，一棵树干粗壮的大垂柳。几棵树在水边高低错落，大小得宜。

平时，这株榔榆和其他同类并无不同，就那么静静地站在岸边，翠绿的身影倒映在水面，非常宁静。大约在10月下旬，它的树冠忽然变橙黄了，在一片翠绿之中，开始突出。又不知什么时候开始，这株榔榆树的叶子全红了，好似喷火蒸霞，又如莼吐丹砂。11月5日那天偶然瞥见，恍惚之间还以为是一棵红枫。旁边三棵号称"江南红叶之王"的

乌桕树，尚且只是一点点黄绿，还不如素无红叶之名的榔榆，真是造化弄人。

另一棵在宁波月湖公园。2017年12月2日早晨，去共青路拍重阳木。忽然发现近梁祝化蝶塑像附近一片开阔的大草坪上，也有一株大榔榆树屹立于天地之间，主干粗短却颇为遒劲，树身多瘤状突起，虽历经风雨，依然生机勃勃。广阔的树冠，覆盖了一大片草坪，绿草地上，秋叶满地，树上树下，都在黄绿之间，一对恋人正在树下亲密拍照，场景十分美好。

那一刻，忽然感觉季节的变换、生命的律动以及天人的和谐，都在这一株榔榆树上了。

栗

中比玉质外同炭

《鄞县志》载："东钱湖圈山成湖，大腹细颈，工程不甚繁复，自唐开筑，经历代修缮完备，基本形成七堰十一塘四闸一斗门格局。"

为便于船只在河湖之间自由通行，人们沿湖修建了七个湖堰：钱堰、梅湖堰、栗木堰、莫枝堰、平水堰、大堰、高秋堰。这些湖堰的堰面皆砌成人字屋脊形，既可以拦水又方便通船。

如今，车辆飞驰在路上，河湖间几无船行，不少湖堰由此废弃，栗木堰就是其中之一。此堰命名方法如同莫枝，莫枝是"木楮"的谐音演化，本为木楮堰，后来变成了莫枝堰。栗木堰之名则源于附近山上多栗树，同样是以木名堰。

栗木，就是我们日常所说的板栗树，在植物学上，归为壳斗科栗属。野生或栽培的栗属植物，在浙江主要有三种：栗（*Castanea mollissima*）、锥栗（*Castanea henryi*）及茅栗（*Castanea seguinii*），钱湖周围山上均比较常见。但这三者怎么识别呢？

茅栗为小乔木，且多呈灌木状，栗、锥栗多为高大乔木，故从身形上

163

锥栗

茅栗

可以直接将茅栗和其他二者区别开来。难区分的是板栗、锥栗。二者无花无果之时，都是二三十米高的大乔木，树皮和叶子差别也不大，故从外形很难将它们区别开来。但只要树上有花或者挂果就好办了，毕竟植物分类是以花为主要辨识标志，再辅以果、叶、枝、茎等其他识别依据。

挂果时，区别相对简单。果实累累的多为板栗，挂果稀稀疏疏的多为锥栗。如果剥开一颗带刺的壳斗，内中果实二三枚的为板栗，独一颗的是锥栗。故板栗多为产果树种，为南北各地广泛种植，锥栗多为产材树种，山上野生的比较多。

花朵的辨识相对专业一些，要认识雄花、雌花才行。板栗花和大多数壳斗科植物一样，长长的花序就像一条条白毛毛虫挂满绿叶之间，盛花时节，满树如雪，气势极盛。板栗雌雄花同在一个花序，雌花在花序的基部；锥栗雌雄花各自单独花序，雌花序生于小枝上部叶腋，雄花序生于小枝下部叶腋。另外，板栗的小枝有毛，托叶宽大，也与锥栗不同，锥栗小枝无毛，托叶线形。这也是区别点之一。

我老家村里没有板栗树，不过山上多茅栗。每年深秋初冬季节，我和小伙伴们总会带着箩筐，成群结队去山上剪茅栗。漫山遍野寻找它们，每见到一株挂果累累的茅栗，我们就用剪刀小心翼翼地把那刺猬般的果实剪下来，如果遇到已经开口的，直接取出来吃。采回来的茅栗一般堆在一起，时间久了，那些没开口的，也会自动打开，实在打不开的，我们则穿着厚底鞋把它们踩开。弄出来的茅栗子，要么煮了吃，要么生吃，是儿时最喜欢的零食之一。

栗与我们的生活息息相关。它不但是药食效果极佳的果树，也是一种很有故事，值得细细品味的文化树。

栗最早见于《诗经》，《鄘风·定之方中》提到"树之榛栗"，《郑风·东门之墠》提到"东门之栗"，《秦风·车邻》提到"阪有漆，隰有栗"，由此

板栗

可知栗的栽培在我国至少有两千五百年的历史。

关于栗树，《论语》里还有一段公案呢，其原文是："哀公问社于宰我。宰我对曰：夏后氏以松，殷人以柏，周人以栗，曰：使民战栗。子闻之，曰：成事不说，遂事不谏，既往不咎。"

宰我在《论语》之中，似乎总是被孔老夫子批评。一次因为大白天睡觉，被孔夫子痛骂为"朽木不可雕也"。这次他回答哀公之问，又被孔子严厉批评。哀公问社主神位该用什么木头来做，宰我以松、柏、栗来对应夏、商、周所用之木。松也，容也，表示宽容；柏也，迫也，亲而不远；栗，犹战栗，谨慎貌，故曰使民战栗。这样的回答，在我们普通人看来挺有道理，但为什么孔子会责备宰我呢？

大儒朱熹对此解释说："孔子以宰我所对，非立社之本意，又启时君杀伐之心；而其言已出，不可复救，故厉言此以深责之，欲使谨其后也。尹氏曰：'古者各以其所宜之木名其社，非取义于木也。宰我不知而妄对，故夫子责之。'"

这段公案虽了，但在南北朝，也有一个"使民战栗"的故事，挺有意思，不妨录来供大家一乐。据唐人李延寿所著《南史》记载，南朝有一位大臣名萧琛，有一天参加皇帝举办的御宴，君臣尽欢，皆醉。

"上以枣投琛，琛乃取栗掷上，正中面。御史中丞在坐，帝动色。曰：此中有人，不得如此，岂有说耶。琛即答曰：陛下投臣以赤心，臣敢不报以战栗？"

真是醉酒容易误事，不要说皇帝用枣子砸你，就是用刀子扔你，你也得忍着，可这萧琛，两杯猫尿下肚，居然敢当着众人的面，用栗子砸回去，还打中了皇帝的脸，皇帝不生气才怪呢。好在这家伙学问大、人机灵，用红枣喻赤诚之心，以栗子表惶恐之意，总算搪塞过去。据记载，结果是"上笑悦"。

栗子不但入史，而且入诗，不少大诗人都吟咏过栗子。唐韩愈《送张道士》"霜天熟柿栗，收拾不可迟"，说的是栗子收获的时间，霜后的栗子味道最美。北宋梅尧臣《尹阳尉耿传惠新栗》"中黄比玉质，外刺同芡苞"，是形容栗子的内外貌。北宋文同《天师栗》"蜀部名果中，推之为上选"，则记录了龙虎山张天师培育的栗子传到四川后备受推崇的状况。

栗子自古以来就是人们非常喜欢的食品，素有"干果之王"的美誉，很多诗人也喜食此物。比如北宋苏辙《服栗》"老去自添腰脚病，山翁服栗旧传方"；南宋朱熹《栗熟》"共期秋实充肠饱，不羡春华转眼空。病起数升传药录，晨兴三咽学仙翁"；南宋陆游也有类似诗句，他在《夜食炒栗有感》写道"齿根浮动叹吾衰，山栗炮燔疗夜饥"。这些谈食栗的诗句，除了写到栗子可以充饥，还说到了栗子的药效。

这些药效在本草学上还是有一定依据的。据《唐本草》记载："（栗子）主益气，厚肠胃，补肾气。治腰脚无力，破瘀癖，理血。当中一子名栗楔，治血更效。生则动气，熟则滞气，唯曝干或火煨汗出，食之良，百果中最有益者。"

看样子，栗子不但味美，还是蛮补身子的，难怪从古至今栗子一直广受人们喜爱。不过从本草书籍的记载来看，还是食用炒出来的栗子最佳。

炒栗子是个技术活，也是一个辛苦活。因为需要长时间挥铲翻炒，炒栗之人满面皆烟火之色。稍微注意一下街头巷尾的栗摊，会发现他们一般用黑乎乎的铁砂，栗子埋在里面，摊贩则拿着大铲子不停地翻炒，目的是使之受热均匀。在翻炒的过程中，同时加入桂花、麦芽糖、蜂蜜和植物油等调味，这样炒出来的栗子就色香味俱全了。时至今日，很多栗房都有自动炒栗机，只要揿一下按钮就万事 OK 了。

立冬之后，大街小巷就会弥漫着糖炒栗子的诱人香味。前些年住在海曙老城区的时候，小区北门欧尚超市对面就有一间小小的栗房，室小如斗，夏天卖水蜜桃等时鲜水果，秋冬则卖糖炒栗子，香糯甜软，味道甚佳，每年天气转凉之后，总有许多人排队买栗子。

我们每次路过，总不忘捎上一小袋回家，一家人围坐在桌前，一边趁热吃着栗子，一边聊着家常，那感觉真好。

苦槠

苦槠树下话乡愁

苦槠（*Castanopsis sclerophylla*），是一种乡愁树，也是一种历史树。

苦槠为壳斗科锥属大乔木，江南常见之树，全身都是宝。此树四季常绿，喜温暖、湿润环境，但也能耐阴、耐干旱、耐贫瘠，是一种不择地而生的坚强树种。同香樟、枫香、银杏等树种一样，苦槠也是很多江南村落周边风水林的重要组成部分。

苦槠是一种长寿树，成百上千年的古树比比皆是，有些村庄尽管世易时移几经变迁，但作为风水树的苦槠林，却可能一直屹立不倒。对一些走出村落的游子来说，他们也许曾在大苦槠树下纳凉歇息、做活计、捡拾苦槠子，或小时候曾在林中捉迷藏、玩游戏、听故事。哪怕仅仅作为村庄形象不可或缺的一部分，苦槠树往往也成为游子对家乡风物最为深刻的记忆。

在家乡江西新干，苦槠也是山上常见之物，它们常和杉木、樟树混生在一起。最让我难忘的，是村后那棵古老的苦槠树。其树形高大，树冠舒展，一副顶天立地的样子。主干粗壮结实，树皮浅纵裂，片状剥落，和樟树那深深的纵裂纹区别很大，倒有点像松树皮的样子。叶厚革质，很坚硬，中部以上的叶缘有锯齿状的锐齿，叶顶还会拖着一个小尾巴尖，很有特色。大多数时候，苦槠一身深绿色静静地站立于天地之间，其最引人注目的季节，是开花的时候。

　　大约在清明前后，苦槠长长的花序，会从树冠之间的各个角落伸出来，淡黄绿色的穗状花，不经意间开得铺天盖地，气势惊人。花季期间，还没走近村后那棵苦槠树，老远就听见蜂鸣之声嗡嗡作响，不知多少蜜蜂在花间忙碌着，走过树下，苦槠那味道独特的花香，让人过鼻难忘。现在回想起来，和江南城市园林绿化中常见的石楠花之神秘气味颇为类似。在晚春暗绿的山色之中，开花的苦槠树特别显眼。放眼四望，苍苍茫茫的群山之间，到处可以看见东一团西一团淡黄绿色的花树，有时候苦槠连势成片盛放，

简直成了山间波浪滚滚的一片苦槠花海。

花期之后，苦槠由绚烂归于平淡。井井有条缀满小枝的小坚果，开始在壳斗里面静静生长。苦槠的壳斗比较独特，其外形好似佛像带卷发的头部，几乎完全包住了果实，只露出一点点果尖，这是识别苦槠的一个重要特征。因为有些壳斗科植物的壳斗，浅包或二分之一左右包住果实的多，像这样全包的比较少。

秋末冬初，吸收天地精华的苦槠完全成熟了，其壳斗自动裂开，野山栗模样的玲珑果实掉落一地。植物的本意，是通过喜食其果的小动物或者流水的作用，来传播自己的种子，达到种群不断扩大的目的。但人类常常会打断这个进程，捡了果子做食品去了。

对很多游子来说，除了苦槠树所代表的家乡意象，乡愁也许更多来源于舌尖上的味道，来自苦槠豆腐的念想。

先民们在房前屋后栽种苦槠树，除了其易活、遮阴、用材、美化等原因，最重要的一点，也许是其果实可备不时之需。李时珍在《本草纲目》"槠子"条目中记载："（苦槠）结实大如槲子，外有小苞，霜后苞裂子坠。子圆褐而有尖，大如菩提子。内仁如杏仁，生食苦涩，煮、炒乃带甘，亦可磨粉。"

现代科学证明，苦槠子富含淀粉，浸水脱涩后，可制成苦槠粉，在饥荒来临之际可代粮食填肚子，亦可做成苦槠豆腐，作为萝卜白菜之外调节口味的一道特色菜。在浙赣湘等地，苦槠豆腐现在依然流行，只不过做的人少了，多以地方特色菜形式出现在农家乐、土菜馆，或作为地方特产在淘宝上销售。吴东浩老师给我发来几张丽水地区畲乡特产苦株干制作过程及一袋成品苦株干的图片，此处"苦株"即为苦槠，说明畲乡依然推崇苦槠食品。

童年时，每到落果季节，我们便会挎着小篮子去村后或者山里捡苦槠子。我们半玩半捡，积够了一脸盆左右，才带回家交给大人。爸妈会将苦槠子用簸箕铺在太阳底下晾晒，直至苦槠子开裂，露出里面白白的果仁。这时候我们还要做一件事情，就是一颗一颗将果皮剥去，这也是一件苦差事，剥多了指甲痛。之后将果仁放进水里浸泡几天，去除涩味，最后用石磨将其磨成浆，滤浆成粉，存储备用。

想吃苦槠豆腐的时候，先将水烧开，将适量的苦槠粉倒进锅里并慢慢搅拌，直至成糊状，接着把这一团糊放进瓷盆或木桶的清水里冷却凝结，然后用小刀将其划成小块豆腐的模样，就可以做菜吃了。油锅烧热，捞起几块豆腐，加上红辣椒、大蒜叶，起锅前淋点酱油、料酒，一道美味可口的苦槠豆腐就做成啦！

此菜带着苦槠的独特香味，柔滑爽口，入口微微有点涩，但回味却很甜。能开胃，还有清热解毒功效，是乡间不可多得的一道美味。当年在家里，因为苦槠豆腐吃得太多，到后来甚至都有点厌烦。现在倒是很想吃，甚至仅仅回想一下都会咽口水，毕竟已经二十多年没有吃过苦槠豆腐了。

清代吴其濬在其巨著《植物名实图考》曾经记载："余过章贡间，闻舆人之诵曰：苦槠豆腐配盐幽菽。皆俗所嗜尚者。得其腐而烹之，至舌而涩，至咽而膺，津津焉有味回于齿颊。"章贡间泛指江西大地应无疑问，这里较难理解的是"配盐幽菽"，查了资料，原来是指"豆豉"，意思是说：苦槠豆腐和豆豉都是江西人所喜欢的，而苦槠豆腐的味道尤其特别，其叙述和我们的感受完全一致。

除了苦槠豆腐，母亲还会做一种"板子豆腐"，二者味道、颜色差不多，入口微涩，颜色偏褐，均为壳斗科植物果实磨粉制作的。"板子"到底是哪一种植物，因岁久年深，印象已经模糊，后来根据母亲提示的信息来看，估计是小叶青冈或白栎。

苦槠不仅果实可做各种食品，其浑身都是宝，木材优质，树本身还有很特殊的防火功能呢。研究显示，苦槠鲜叶着火温度可高达 425 摄氏度，树皮厚且富含鞣质，难以着火燃烧，农村俗语"老槠嫩丛，打破吹火筒"，是对其防火性能的形象写照。

因为燃点太高，不易燃烧，小时候砍柴，不大喜欢砍苦槠灌丛或小树，这对苦槠来说倒是一件好事，让它们得以全其天年，故此苦槠树在山野越来越多。而檵木、杜鹃、白栎等易燃烧的灌丛或小树，不知被我们砍了多少。现在想来，当年真是暴殄天物，好多美丽的山花都被我们当柴烧了。

由于苦槠燃点较高，并能抑制温度上升，阻止火焰蔓延，常和著名的防火树木荷一道，被作为防火林带的优选树种。从近几年行走宁波山间的情况来看，防火用木荷更多一些，用苦槠比较少。

个人倒是觉得，用苦槠做防火林，效益比木荷更好一些，可以收到一举两得的效果：一方面苦槠的枝叶和树干可以抵挡飘散的火星，挡住辐射热，起到隔热与散热的效果，使火星被树木枝叶过滤后熄灭，成为山林的"守护者"。另一方面，树木成材之后，每年还可以收获大量的苦槠子，根据当前人们崇尚天然绿色有机食品的新趋势，若借此机会发展苦槠加工产业，定能取得不错的经济效益。

苦槠的生境比较特别，是长江南北分界线的标志树。长江以北罕见，但在长江以南，则山野村落常见。其分布南沿，大致为湘桂、粤赣边界的五岭地区，再往南的广东广西，苦槠比较少见。故苦槠主产于浙赣湘三省。此一区域，自古城乡发达，人文鼎盛，因经商、求学及参军而导致的人口流动十分频繁。于是，关于苦槠的岁月印迹，化作一篇篇乡愁文字和一段段生命记忆，成为一种流传很广的苦槠文化。

在浙江，苦槠存在的历史也非常悠久，在史前就有较广泛的分布。植物学家、农学家和考古学家曾联合组队，对浙江余姚河姆渡文化遗址出土的植物遗存进行鉴定、研究，结果显示其中就有苦槠果实。浙江湖州钱山漾遗址曾出土许多良渚文化时期的木材遗存，其中也以苦槠最多。对于果

实可以食用，且材质坚韧、富弹性、耐水湿的苦槠树，史前的先民们已经利用得非常充分了，常以此建造房屋，打造舟船、车辆或农具。

延续至今，苦槠依然是浙江山野的常见物种。南京师大张光富教授等专家曾对宁波天童的植物群落进行研究，发现苦槠和白栎依然是该地区最为典型、分布面积最广的次生灌丛群落。在东钱湖，有一个镇的名字就直接来源于苦槠，这就是莫枝镇。莫枝距宁波市区13公里，东南紧依东钱湖。据清人李暾《修东钱湖议》一文记载，唐天宝三年（744），县令陆南金扩建东钱湖，在此筑堰，控制钱湖与河水的水量水位，兼有方便过船之功能。因山上多木槠，遂名木槠堰。北宋天禧元年（1017），木槠被砍伐殆尽，取谐音改名莫枝堰，镇以堰名，演化成今日的莫枝镇。此处的木槠，即为苦槠。

在鄞州公园北入口附近，也有一株临水而栽的苦槠树，不知从何处移植而来，树干粗壮古朴，却依然枝繁叶茂。晚春花繁之时，站在对岸看过来，这株盛大而美丽的花树，几乎成了公园里最耀眼的明星。每次散步路过，总要在树下驻足，看看树木长势，偶尔也怀想一下曾经的岁月。

在园林界不少人求洋求新求奇的风潮中，当年的建园者能够引种苦槠、乌桕这样的乡土树种，不经意间慰藉了我们的乡愁。对于他们的睿智与情怀，不由得肃然起敬。

冬

花开
四季

Winter

盒子草

玲珑碧玉小宝盒

四明湖畔，最让我念念不忘的，除了每年秋冬季节"吸粉"无数的绝美池杉林，还有那精致小巧的盒子草（*Actinostemma tenerum*）。

在家乡江西新干，盒子草和苍耳、苦楝子、酸浆果等都很常见，都是我们儿时喜欢的小玩具。苍耳钩人，小伙伴们互相扔到头发、衣服上，惹起欢声笑语一片。青青苦楝子，大小正好，硬度不错，是最好的弹弓子弹。酸浆果外面裹着一个膨胀的小灯笼，大家拿着酸浆果，往脑门上猛地一戳，啪的一声，灯笼炸开，浆果不破，就算胜出。大自然里不但有吃穿用度，还给孩子们准备了这么多有趣的"玩具"。

对于盒子草，那时并不知其学名，只是喜欢摘它们像小盒子一样的果实玩。果实以中缝线为界，分为两半，上半截"盒盖"有疣状突起，下半截"盒底"光滑渐尖，晶莹剔透，恍如碧玉，十分可爱。果实成熟后，"盒底"会连同里面的两枚种子自动脱落。

小伙伴们摘下盒子草的果实，沿着中缝线轻轻一捏，果皮裂开后，扔掉里面的种子，将"盒盖""盒底"套在手指头上，再在指肚上画双眼睛一个嘴巴，指头便成了戴着绿色瓜皮帽的小人。我们将它们想象成不同的角色，并设计好对白，嘴里念念有词，玩得不亦乐乎。

去年看到拈花惹草部落群友分享的盒子草图片后，方知小时候的玩具原来叫作盒子草。此名很朴实，却很精准。起初，想在宁波看见一株盒子草并不容易。因为儿时只记得小盒子，并没有注意其花、叶形状，如果不是挂果期遇见，很难识得。

盒子草也不是随处生长。《中国植物志》云："多生于水边草丛中。"唐代著名医学家陈藏器在《本草拾遗》中也说："合子草蔓生岸旁，叶尖花白，子中有两片如合子。"此处提到"合子草"，是就其两片种子的外形来说的，是另外一个别名。清代著名医学家钱塘人赵学敏在《本草纲目拾遗》也有记载："天球草，一名盒子草，俗呼盒儿藤，好生水岸道旁，苗高三四尺，叶如波斯，花有小绒。"

2016年9月中旬，去梁弄培训。次日晨练，从梁弄镇跑步至四明湖池杉林。彼时，池杉还是青翠葱茏，湖边一片清新。在一块水稻田的篱笆上，突然看到一丛正开着白花的缠绕藤本，叶似长而尖的绿色三角形，白色小花很奇特，裂片多达八个，好像一只小小的白色八爪鱼。这是什么植物呢？正在疑惑之际，脑海中莫名闪过"盒子草"，一查中国植物图像库，果然是旧友重逢！第一次观察到它们的花，很是欣喜。接着国庆节回老家，在干庙公路边也看到好几丛开花的盒子草。认植物就是这样，一旦熟悉了，就常常遇见。只是，当年并没有看到果实。

2017年国庆节期间，重游四明湖。拍好池杉后，循着去年的足迹去找盒子草，未果。一般情况下，一个地方有一个物种，天长日久，附近应该会形成一个小群落。于是扩大找寻范围，在附近的篱笆、水渠边上继续地毯式搜索。功夫不负有心人，终于在水渠边的一株小垂柳树上，看到一片干枯的缠绕藤本，上面有不少枯黄的小盒子。让人特别高兴的是，居然还有几个是绿色的！我大喜过望，一脚踏过去就想摘，忽觉脚背一凉，才知草下有水，赶紧回撤，所幸鞋子渗水不多。从附近找来一根小树枝，钩过来一小段藤条，得小盒子两个，喜笑颜开，打道回府。

当晚，和家人一起解剖观察。轻轻打开小盒子，在灯下细细观察盒子草的种子：种皮褐色，两片种子连在一起，有龟壳般的纹路，有人形容为"巧克力小饼干"，倒也形象。赵学敏形容为"五月结实为球，球内生黑子二片，生时青，老则黑，每片浑如龟背，又名龟儿草"。剥开外皮，果仁米白色，如同瓜子仁，葫芦科的西瓜籽、南瓜籽皆可食用，盒子草应该无毒吧？本

想尝尝盒子仁的味道，但毕竟不是伟大的神农，还是动手不动嘴吧。

　　赵学敏的弟弟赵学楷，也是一位名医，所著《百草镜》对盒子草的记载也非常精当："鸳鸯木鳖，一名水荔枝、盒儿藤。叶长尖，有锯齿，生水涯，蔓生，秋时结实，状如荔枝，色青有刺，壳上中有断纹，两截相合，藏子二粒，色黑如木鳖而小。"上次看到群友庄主拍的木鳖子，两者确实有点像，毕竟都是葫芦科的亲属，同科苦瓜的种子，也有点类似。

　　此后，我在开元名都大酒店的水上景观处，于一片芦苇丛中看到了盒子草。再后来，在鄞州湿地公园的再力花、水烛丛中，也看到不少盒子草，上面还挂着许多玲珑可爱的小宝盒！

　　想来，对于一种植物，还是得先了解它们的特征和生境，这样才会有"天涯何处不相逢"的惊喜与美好。

飞蛾藤

御风而翔『直升机』

冬日行走于宁波山野，在路边的灌丛、小乔木之间，或在栅栏、围墙之上，常会看到一种藤本植物的蔓茎之上，悬挂着一架架灰褐色的小小"直升机"，其展翅欲飞的样子，让人过目难忘，这就是飞蛾藤（*Dinetus racemosus*）。

飞蛾藤是旋花科飞蛾藤属植物，在长江以南及陕西、甘肃等地广为分布。这些"直升机"是飞蛾藤成熟的果实。细观其整体结构，非常有趣。秤砣般的圆圆"机身"，是飞蛾藤藏着一粒种子的卵形蒴果。组成"机身"顶上"螺旋桨扇叶"部分的，是飞蛾藤五个增大的宿存萼片。这些萼片膜质透明、狭长，三条纵脉汇聚于顶端的尖头，固定并展开这些薄如蝉翼的膜，让"扇叶"轻巧又结实。万事俱备，只要来阵东风，种子们就可以驾驶着"直升机"奔赴四方了。

1911 年诺贝尔文学奖得主、比利时人梅特林克有一部书，名为《花的智慧》。他曾在书中感叹道："因为既要遵循'依附土壤'这个规律，又要达到扩张的目的，植物在繁衍过程中，需要克服比动物更大的困难。因此，

植物中绝大多数需要依赖于化合反应、机械力，或者某些'小伎俩'。'小伎俩'的方式包括：机械、发射学、航空、对昆虫的观察，这些'小伎俩'却常常领先于人类的发明和技能。"显然，飞蛾藤深谙空气动力学，巧妙利用了航空学原理，给自己的孩子们准备了无数架"直升机"。

我们略微回顾一下飞蛾藤的生长过程，会发现萼片不只是帮助它们传播种子，而是在其含苞、开花及结果全过程，都发挥了重要作用。

含苞之时，厚厚的花萼紧紧包裹着幼小的花蕊，让它们安全发育。当花苞中的雌雄蕊等生殖器官逐渐成熟之际，萼片会支撑其花冠打开至一定的宽度，让雌雄蕊充分展示出来，方便昆虫传粉。授粉一旦完成，花瓣招徕昆虫并为花蕊挡风遮雨的使命即告结束，遂逐渐萎缩，直至消失。而萼片，还得继续工作，保护受精卵一点点发育成蒴果。这时候的萼片，下垂，微张，形似古钟，又如一只只收着翅膀的蛾子，故名飞蛾藤。

蒴果一天天成熟，萼片也随之长大变长，并渐渐张开，直至几乎与蒴果形成直角为止。绿萼上的叶肉，也在不知不觉之间尽数脱去，慢慢变成灰褐色的透明薄片，为种子们的飞行随时待命。一定程度上可以说，飞蛾藤可能是将萼片功能发挥到极致的植物之一。

飞蛾藤除了善用萼片，会造"直升机"，还是一种美丽的观赏植物。其叶心形，宽大碧绿，上部叶抱茎。其花洁白，漏斗形状，五裂至中部，花期才能看出它们身上的旋花科特点。其叶、花还会变色，至深秋季节，叶子和萼片会变成好看的红色，不亚于春花之美。至叶落果熟，则变成代表

收获的灰褐色。不同周期，不同形态，飞蛾藤变化如此之大，真是一物多观的典型代表。

2017年，是全面认识飞蛾藤的一年。国庆节期间，先在宁海大短柱峰初遇，其时花还在、果初成。后在宜昌三峡大瀑布景区重逢，还在白花朵朵的盛花期。11月底，在奉化栖霞坑一间废宅的短墙之上，发现其叶子和萼片已变红了。2018年1月，在奉化千丈岩山间，又看到了形如"直升机"的它们。

有幸在不同时间、地点，欣赏到不同成长阶段的飞蛾藤，心下欢喜，是以为记。

草珊瑚

百闻终得一见欢

作为一个江西人，我对"草珊瑚"这个名字最熟悉不过了。在 20 世纪 80 年代末 90 年代初，江西在全国叫得响的工业产品并不多，除了曾名列全国业内前五位的赣新电视，也就是以草珊瑚为原材料的牙膏和含片了。

那时候，草珊瑚牙膏风靡一时，草珊瑚几乎成为牙膏的代名词，和中华、两面针等民族品牌一起，称雄中国牙膏市场。1990 年推出的复方草珊瑚含片，更是异军突起，让江西中医学院小小的校办工厂江中制药实现火箭速度般的发展，公司 1993 年即位列全国同行第七，1994 年又挺进"全国 500 家最大工业企业"之列，一举成长为现代化的制药巨头。

一棵小草，不仅给企业带来了巨大的经济效益，也让江西声名大振，成为当时全国经济领域引人注目的焦点。新华社记者施宝华、杨健为此还专门写了一篇题为《江西一把"草"——"草珊瑚现象"透析》的深度报道。某天翻检旧物时，发现二十多年前为写本科毕业论文而收集的这份剪报，居然还在本子里夹着，不胜感慨。

时至今日，在洋品牌的冲击之下，草珊瑚牙膏在市面上已不多见。不

过，在炎症发作、咽喉不适的时候，草珊瑚含片依旧是人们身边的常备之药，市场地位依然显赫。话说回来，虽然"草珊瑚"闻名已久，但真正在山野间亲见草珊瑚，却是近几年的事情，堪称"最熟悉的陌生植物"。

2016 年国庆节回老家，和父亲去邻县峡江的道教名山玉笥山游玩。在山谷之中的小溪边和茂林下，不时看到一种结着青果的小灌木成片生长着。当晚回到家，拿出我的草木启蒙书——出版于 1970 年的《江西草药》，比对山上拍到的植物，当翻到"接骨金粟兰"这页彩图时，不禁惊喜异常，原来这就是如雷贯耳的草珊瑚！

草珊瑚（*Sarcandra glabra*），金粟兰科草珊瑚属，常绿半灌木，高一米左右，很好辨认。其叶革质，卵状披针形，对生，主脉和侧脉均在叶面凸起，叶边缘具粗锐锯齿，特征十分明显。其茎与枝均有膨大的节，和竹类似。草珊瑚有很多别名，如肿节风、节骨茶、九节茶、九节风、九节兰、九节花、竹节茶等，都因这一特点而名。

草珊瑚的花非常奇特。中国植物图像库里，有几张草珊瑚的花图，是

（金夕／摄）

（张孟牟／摄）

徐克学先生在华南植物园拍摄的。但见两三厘米长的穗状花序上，有一些绿色、米色的东西，看不到花瓣，也看不到花萼，甚至连花梗都没有。看植物志描述才知道，那绿色坛状的，就是雌蕊，同时也是子房，是初果，没有花柱，顶上那点吸盘状的东西，就是柱头了。而所谓雄蕊，就是绿坛子上长出来的那一枚米饭一样的东西，其顶部黄色部分，就是花药了。这种让人分不清是花还是果的花序，还是第一次看见。

草珊瑚是一种典型的观果植物，其最引人注目的，还是它们宝石般的果实。果实有红、黄两种颜色，红色最常见。红果成熟时，如珊瑚宝石般鲜艳夺目，在绿叶中非常显眼，草珊瑚之名即来源于此。其挂果时间可从10月底持续到第二年1、2月份。尤其在深山冰雪尚未融化的日子里，如果能够遇见几丛草珊瑚，红果、白雪和绿叶的搭配，一定绝美。

草珊瑚在长江以南均有分布，浙江也有，我曾在宁波鄞州、温州乌岩岭遇见过。不过江西的草珊瑚更有名，一些文献亦可以证明。清人吴其濬《植物名实图考》中，就有草珊瑚的记载："接骨木，江西广信有之。绿茎圆节，颇似牛膝。叶生节间，长几二寸，圆齿稀纹，末有尖。以有接骨之效，故名。《唐本草》有接骨木，形状与此异。"在其书中，名为"接骨木"的植物有两种，即第1536和1701种，结合所配之图及文字描述，后一种为草珊瑚无疑。《江西草药》中也有这个名字。

《中国植物志》记载："草珊瑚全株供药用，能清热解毒、祛风活血、消肿止痛、抗菌消炎"，"近年来还用以治疗胰腺癌、胃癌、直肠癌、肝癌、食管癌等恶性肿瘤，有缓解、缩小肿块、延长寿命、改善自觉症状等功效，无副作用"。除了牙膏和含片，有些地方也有摘叶制成保健茶的。

从上述记载来看，草珊瑚是一种蕴含着巨大药用价值的植物，其开发利用还有很大市场空间。期待科技的进步，能够让这种植物为人类做出更大贡献。

海滨木槿

团扇轻摇舞西风

周六冬至，凄风苦雨，然阴至极，阳始生。

家门口的银杏、无患子、三角槭等落叶树，似乎也知道时节，纷纷摇尽最后一身旧叶，积蓄力量等待春天的到来。

鄞州湿地公园那几株海滨木槿（*Hibiscus hamabo*），却似乎有点与众不同。晨跑经过它们时，发现那犹如五彩小团扇般的秋叶，依然错落有致地点缀在枝头，似乎要与西风战斗到最后时刻，的确不失其"海岸卫士"的英雄本色。

作为浙江省重点保护野生植物，海滨木槿可谓宁波、舟山一带的特产，尤其以宁波分布最多。2016年9月，林海伦老师在象山县新桥镇海边调研时，发现了总数超过500株的海滨木槿野生群落，据报道这是国内海滨木槿最大的野生群落。此前，在奉化裘村镇缸爿山岛上，也曾发现小片的海滨木槿野生群落，现已建成保护区。

海滨木槿根系发达，可生长在海塘之上或岸边岩石缝中，耐盐碱，耐贫瘠，抗风浪，海水短暂浸泡依然生机一片，和南方的红树林一样，是非

常优秀的海岸防护林树种。自明朝起，作为抗风护塘固土的首选植物，被广泛运用于舟山定海、北仑大榭岛以及宁波各地的海塘建设中，故海滨木槿还有"海塘树"之雅号，数百年来为宁波舟山沿海一带所常见。

20世纪中叶以来，由于乱砍滥伐及几次大规模的围海造田，海滨木槿几乎被毁灭殆尽，野生群落陷入濒临灭绝的境地。曾经广泛分布的树种，全国居然没有几个植物学家知道它们的存在。故在编纂时间长达54年的《中国植物志》中，都没有海滨木槿的记载。

海滨木槿的被发现和定名，还是20世纪80年代的事情。1985年8月30日，浙江农业大学范文涛教授在舟山市定海县干览乡西码头的堤岸上，采集到了本种标本。经研究和鉴定，他认为该标本和产于朝鲜的海滨木槿、产于日本的日本木槿是同一种，故定名为海滨木槿，并在1986年的《浙江农业大学学报》发表了中国这一新发现，同时将其写入了当时正在编纂的《浙江植物志》。

2017年夏天，工作单位搬至鄞州中心区，鄞州公园成为中午散步的好去处。我发现公园北门偏东位置，有 10 株主干粗壮冠幅舒展的海滨木槿。2018 年夏天，家也搬到了鄞州湿地公园附近的小区。作为湿地的先锋树种，这个公园里自然也少不了海滨木槿，不过数量只有 5 株，比起鄞州公园那一片，略显瘦高一点。

因为有了日常观察的便利，从此以后，不管是在鄞州公园散步，还是在湿地公园晨练，每逢路过这些海滨木槿，总不忘驻足观赏，看它们花开花落，叶绿叶黄。能够观察到一种植物的四季轮回，是件十分有趣且很有意义的事情。

前段时间，在阅读英国人吉尔伯特·怀特的名著《塞耳彭自然史》时，看到一段话："专攻一个地区者，比起贪多不化的人，是更能推进自然之知识的。所以说，每一个王国、每一个省份，都该有写本地之方物的人。"

对此，我深以为然，也更加坚定了长时间记录甬城草木的信心和决心。与其常常奢望去远方蜻蜓点水般地赏花观草，倒不如沉下心来深入观察一种又一种像海滨木槿这样颇有特色的乡土植物。这样的观察积累多了，对于增进博物学的总体知识是大有裨益的。

海滨木槿不仅实用性极强，也是一种美丽的观赏性植物。因为生长在海边，它们的个子并不高，最多长到 4 米左右，有些丛生为灌木，有些长为小乔木，但一般至 50 厘米左右就会分枝，冠幅比较紧凑，以对抗海边的强风。

海滨木槿的花期，一般在 6 月中旬以后。此时，春天的盛大花事已告一段落，海滨木槿在满眼绿色之间开出一树黄花，且花期长达 2 个月之久，为我们延续了赏花的快乐。

细观其花，五片带着条纹的娇黄花瓣，交叠旋成一个雅致明艳的黄色花冠，而紫红花盘上那根围着黄色花药、长着五个紫红柱头的花蕊柱，则堪称整朵花的点睛之笔。花朵黄中有紫，紫中有黄，色彩搭配和谐，令人

赏心悦目。

海滨木槿不仅花朵美丽，秋叶也非常值得一观。我注意到，它们的叶子厚纸质，非常坚韧，要用点力气才能撕开，可以确保不被海风吹破。叶子扁圆形，宽略大于长，顶端有一个可爱的小突尖，叶柄较长，很像古代仕女手中的小团扇。

进入秋冬季节，这些小团扇有些已经凋落，有些则开始变成绿、黄、褐、橙红等颜色，色彩缤纷，非常好看。每逢风静光好的日子，我总喜欢带着相机，去枝间寻找最美秋色，且常有所得，收获不少快乐。

细细观察，还发现鄞州公园的海滨木槿花开之后不会结果，而湿地公园这些，倒是在枝头结出不少花苞一样的毛茸茸的蒴果。难道前者是扦插而成，后者是种子繁育而成的？剥开一个蒴果，其种子形状和大小，均如绿豆一般，只是颜色不同，呈灰褐色。作为一种海浪传播种子的植物，它们非常坚硬，其外壳能耐盐碱腐蚀，也能承受海浪拍打岩石般的冲击。

黄槿

　　热带有一种和海滨木槿的花朵非常相似的植物，叫黄槿。我曾在广西崇左、新加坡见过。仅从花朵形状来看，很难分出彼此。但从树形和叶子上，是可以简单区别的。黄槿为常绿小乔木，树形比较高大，最高可达10米，而海滨木槿多以灌木呈现，哪怕长成小乔木，也是比较矮小的，最高也不过4米。海滨木槿的叶子扁圆形，只有一个普通玻璃杯口那么大，而黄槿的叶子大多了，堪比梧桐，形状多是心形的。

　　此外，黄槿在我国只分布在华南和闽台等热带地方，其他地方是见不到的，而海滨木槿多在长江流域出现，两者在同一个地方出现的机会，估计除了福建沿海，也是不多的。

长柄双花木

飘飘乎遗世独立

期待一睹长柄双花木（*Disanthus cercidifolius. var. longipes*）的花容已经好几年了。

和它初遇，是 2016 年 6 月 30 日在广西巴马的一个溶洞里。那是一个非常大的溶洞，洞中河流可以行船，广场可容纳上百人静坐，进行磁场治疗。洞的尽头，有一个大天坑，其中植被繁茂，物种丰富，有桫椤、秋海棠、苦苣苔等不少稀见草木，被辟为百草园。忽然被一株接骨草旁的一株灌木所吸引，侧逆光看过去，其枝上的心形叶通体红透，再配上五条金丝一般的掌状叶脉，令人惊艳！

闲时翻看陈征海、孙孟军主编的《浙江省常见树种彩色图鉴》，才知道我居然拍到了宝贝。"宝贝"二字用于长柄双花木，绝非虚言，这是一种浑身散发着独特气质的植物。

首先说说它所属的科，那可是大名鼎鼎、非常古老的金缕梅科。据说在白垩纪及第三纪的地层里，就发现过金缕梅科植物的化石，也就是说该科植物在地球上最起码已经存在约七千万年了。

　　该科植物有些很常见，比如枫香、檵木、蜡瓣花等，山上到处都是。但也有不少珍稀种类，比如银缕梅就是国家一级保护植物，林海伦老师曾在四明山发现它们的存在。而长柄双花木因着果率比较低、分布带比较狭窄，再加上人类活动的破坏，其残存数量已经非常少了，早已被列入国家二级保护珍稀濒危植物行列。

　　它所在的双花木属（*Disanthus*）也是一个非常独特的属，只有双花木一种，为单种属，只产于日本南部山区，而长柄双花木是它的变种，为我国独有，主要分布于浙江省开化县、江西省南丰县军峰山及宜丰县官山、湖南省常宁市及道县，以及湘粤交界的南岭等地。故此，我在广西巴马看到的这株长柄双花木，也许是别地引种而来，否则我岂不是轻易发现了该种在广西的新分布？

　　长柄双花木虽然独特，但从广西回来之后，我几乎忘记了它。去年11月，忽然看到花友秋微在"拈花惹草部落"晒出一种很奇怪却很仙的花朵：长条形的深红色花瓣放射状展开，花朵的样子看起来像一个喷着火舌的抽象画太阳，又像一个红袖飘飘的激情舞者，让人印象深刻。秋微说那是长柄双花木的花，在杭植拍到的。

　　杭植居然也有长柄双花木，真是太好了，估计是从开化引种过来的。去原生地看花不易，去杭植还是很方便的，从此就存了一个念想，要去杭植一探长柄双花木的究竟。2018年12月6日，杭州出差，下榻的宾馆就在浙大玉泉校区，离植物园只有一步之遥。花友木香、兔兔说现在还有花，木香还很贴心地给我画出了位置图。次日正逢二十四节气之大雪，天寒地冻。上午要办公事，为了看长柄双花木，只能利用晨练时间了。

　　那天清晨，冬雨淅淅沥沥，冷风一阵阵扑面而来，好似刀割。我撑着伞，从南门进，顺着大路前行。园内冷冷清清，除了一两位晨练的大叔大婶，几乎见不到人。此时园内最好看的植物，也许是打翻了调色板一般的各色

鸡爪槭。除了美人茶、茶梅、滨柃等少数几种开花植物，大多数植物正在落叶。植物园的一年之中，数这个时节最安静了。

过韩美林艺术馆，看到一片橙红如火的水杉林。木香说，看到这片水杉林，目标就离我不远了。果然，在林子对面的一个小院子里，很轻松地找到了两棵长柄双花木。

看到实物，瞬间体会到，长柄双花木这个名字，真贴切。其叶柄和花序柄都很长，花朵则背靠背对生在花序柄的顶端，故名双花。如此着花的植物，还是第一次见到，打个不恰当的比喻，此花如红八爪鱼一样的造型，就好像是鼓正反面各镶了一朵花的拨浪鼓，又好像是一对连体双胞胎的姐妹花，再或者是一朵花在照镜子。植物界真是无奇不有。不知道它们如此造型的目的是什么，难道是花太小，通过背靠背两面朝外提高授粉的成功率？

此时有两个感慨：一是有花友真好，找植物方便多了，否则，在这么大的园子里，要找到这么一丛小小的植物，真是不容易；二是照片真是"照骗"。别看秋微把花朵拍得那么仙那么美，这种大名鼎鼎的古老孑遗植物，在现实中是非常不起眼的。这两株都是比较矮小的灌丛，不到一人高，如果不是叶子五颜六色比较好看，还真的很难引起人们的注意，估计大多数人会以为只是普普通通的紫荆。当然，在野地，长柄双花木的植株可以长到4至5米高，那样看起来会高大健壮一些，这两株可能只是小苗。

靠近入口处的这一株，几乎没什么花，估计风口太冷，花期已过。靠近里面那一株的叶下有许多造型奇特的小花。与巴掌大的叶子相比，花显得非常细小，比大拇指指甲盖大不了多少，如果不用微距镜头，还真不好拍。

大风，降温，花又小，还下着冷雨，拍摄真不容易。折腾了一个多小时，才算有了几张清晰一点的图片。此时，我的手几乎冻僵了，但能遇见这种国家二级保护珍稀濒危植物的花开，幸甚！

美丽异木棉

岭南冬可醉花阴

想见一种花，就如同想见一个人，只要心之念之，终会相见。

因工作关系，近年去华南颇多，或广州，或深圳，一年总会有那么两三次。但去的时间，多以上半年为主，故对于花期在秋冬季的美丽异木棉（*Ceiba speciosa*），虽闻名已久，却无缘亲见。

2019 年 11 月下旬，随团去粤港澳大湾区学习先进经验。深圳的最后一个活动，是考察前海自贸区。从深港青年梦工厂走出来，远远望见那巨型盒子般的楼房之间，有一树亮色。定睛细看，原来是一株移栽没几年的美丽异木棉开花了！此树不大，半叶半花，没有了树顶，但枝条间那粉中带黄的花朵，在纯净蓝天的背景之下，显得如此明艳动人。同伴们纷纷掏出手机，将美好定格。

在去广州的大巴上，一边戴着耳机听《蒋勋细说红楼梦》，一边透过玻璃窗打量着珠三角的繁华。路边一树一树的粉红，不时在眼前闪过，原来美丽异木棉已经成为广东大地上常见的行道树了。早就听闻中国最著名的美丽异木棉在华南师大，就像樱花之于武大，二月兰之于南京理工一样，

皆为颇值一赏的标志性美景。不知此去广州，有缘得见否。

夜幕降临，大巴穿行在羊城的道路上，忽然瞥见一座校门，横梁上明明白白写着"华南师范大学"六个大字，真是想什么来什么！心想要是住在这附近就完美了。几分钟后，车子在一个酒店门口停下来时，我的心简直狂跳起来，我们居然就住在华南师大隔壁，果然是幸福从天而降！

因为只有次日早八点前的时间可利用，晚饭后赶紧先去踩点。进校门，选择往左，摸索近一个小时，未见花树踪影。问一保安小哥，才知进门右转才是正确路线。好在此刻我已接近目标区域，再拐过两个弯，一排高大的美丽异木棉终于出现在眼前，如此盛大，如此繁复！能够亲眼见到它们的一树繁花，真是难得的缘分。

第二天清晨我再次出现在那排花树前时，天还没有全亮呢。清晨六点左右的校园，非常安静，我一个人幸福地走在花树之下，静静地打量着这些风姿绰约的美人树。

此处的美丽异木棉，树形巨大，适合远观，保持一定距离才能更好欣赏。

那种清雅、明艳而又绚烂的美，似曾相识，又有点陌生。在江南，花开满树而又如此高大的，有檫木、泡桐，但没有那么艳丽；或红或白而又清香四溢的，有红梅、江梅，但没有那么雄奇；有花无叶而如霞似锦的，有樱花、玉兰，可惜花期太短。要在我们熟悉的华东，找出一种花期长达两个多月且气质类似的大乔木来，真是不太容易。

站在一棵美丽异木棉树下，细细观察，可见其树干下部多膨大，形状很像中年男人的大肚腩，故美丽异木棉又有"大腹木棉"的浑号。其树身常密生圆锥状的皮刺，让人望而生畏。相比之下，其花朵就亲民许多。五个花瓣粉红色，也有紫红或米白，边缘波状略反卷，和彼岸花有点类似，花瓣基部呈黄色或白色，疏生紫斑，一根长长的花蕊柱，远远伸出花冠，最顶端是雌蕊的紫色柱头，柱头的下面，有一个长得像灰色甜甜圈的东西，那是它们的雄蕊，上面缀满了花粉。其叶是典型的掌状复叶，小叶 5 至 7 片，颇有几分雅致。

在赏花的同时，我初步调查了一下这片美丽异木棉。它们大致分布在生物园周边 L 形的两条道路附近，有 130 多棵。西侧道路边的花树，叶子落尽，繁花满树，气势最盛。南边这条路上，估计栽种年代不一，情况不尽相同。停车场附近的花树相对矮壮一些，有些树形还不完整，但有一株花色偏白的品种。再走过去，有二三十株，树形高大，下部已无皮刺，但叶多花少，遮天蔽日，形成典型的林荫大道。邻近一段道路两边的花树，树形也不错，花开得很好，其中还间杂了一些棕榈树。

最好看的花树，在路北的实验鱼塘附近。水面四周，皆植花树，娇花照影，天蓝云白，疑非人间。西南角有四棵巨树连在一起，远远看过去就像一棵树，从草坪看过去，有花开天地之间的伟岸感。东南角一棵开白花的美丽异木棉，花开如雪，玉树临风，恍若白衣仙女降临人间，旁边还有两棵大树，树冠如伞，红花似火如霞。这三棵大树，红白相映，如瑶台仙境，吸引了不少游

人前来欣赏拍摄。

　　说起这几棵树，还有一段故事。据载，1985年，华南师大老校长潘炯华参加东南亚鱼类交流大会，与会的日本专家送给他几棵美丽异木棉小树苗作为纪念。潘校长回国之后，转交给园林科原主任陈就和鱼类组老师栽种。30多年后，陈就主任所栽，只剩下一棵，在文化广场；鱼类组老师所栽六棵，长势良好，在华南师大科研工作人员的辛苦努力下，一直源源不断地为种苗繁殖提供树种。如今，它们的后代子孙，不但美化了华南师大校园，成为一代又一代华师校友心中难忘的记忆，而且它们已走出校园，遍布岭南各地，成为南粤大地深秋初冬季节最动人的风景。

　　美丽异木棉和舒婷笔下的木棉树，虽然有相同的两个字，但它们同科不同属，一个为锦葵科吉贝属，一个为锦葵科木棉属。前者来自南美，故《中国植物志》未载，后者为本土所产，为广州市树。两者花期也不同，一个深秋初冬，一个仲春时节。当木棉花红遍华南之际，美丽异木棉那番木瓜般的果实已垂在绿叶间了。二者花色差异也大，木棉花大红或橙红，花瓣厚重，凋谢时整朵掉落，掷地有声，故木棉树在广州又被称为"英雄树"。而美丽异木棉，虽然有紫红、粉红、白色等多种颜色，但以粉色系为主，故又被称为"美人树"。

　　春季有英雄树可敬，冬天有美人树可赏，月月有鲜果，四季花常开，华南真是一片上天眷顾的土地。

茶梅

冬日看花花灼灼

寒风凛冽，万物萧瑟。

即使宁波地处江南，冬季常见的开花植物亦屈指可数，不过茶、油茶、蜡梅、枇杷、胡颓子、美人茶等。而我们身边，当季开花最热烈最显眼最烂漫的，也就是茶梅了。

清人陈淏子在《花镜》中指出："茶梅，非梅花也。因其开于冬月，正众芳凋谢之候，若无此花点缀一二，则子月几虚度矣。其叶似山茶而小，花如鹅眼钱而色粉红，心深黄，亦有白花者，开最耐久，望之素雅可人。"古人为文，言简而意丰，短短六七十字，将茶梅名字来源、观赏价值、花叶特征等说得明白如话。

茶梅（Camellia sasanqua），山茶科山茶属，与蔷薇科杏属之梅花无涉，取其开于冬日且花形与梅类似之义，在我国和日本均为古老而传统的观赏植物。一般说来，茶梅分为普通茶梅（Sasanqua Group）、冬茶梅（Hiemalis Group，日本亦称寒山茶）、春茶梅（Oleifera Group）三类品种群。普通茶梅最接近原生态茶梅，十月即花，单瓣或复瓣，白色花居多。冬茶梅品种

群十一月即花，红色、粉色重瓣花为主体，是江南最常见的。文中所述，多以此茶梅为主。春茶梅，一般认为是茶梅与山茶花的杂交品种，花期、花形兼具二者特色，我国引种较少，所见不多。

茶梅的最大价值，在于填补花季之空白。寒冬腊月，是自然界休养生息的时节。草花植物，早已隐遁无形，在大地母亲的怀抱中，等待着来年春天的降临。灌木、乔木，或枝丫光秃，或翠绿如常，一眼看过去，似乎了无趣味。

而茶梅，不与凡卉争春，不畏霜雪严寒，灿灿然绽放，成为少花季节的耀眼明星。茶梅花量巨大，有白、粉、红诸色，兼单瓣、复瓣、重瓣多态，艳若桃李，姿似芍药，孤植则花开满树，丛植则红艳一片，虽大红大绿，然亦大俗大雅。茶梅另有一妙处，就是花期漫长，自十月底至来年二三月，新老相继，绵绵不绝，几达半年之久，为萧瑟冬日增添一股暖意，实为此季不可多得之尤物。

不识茶梅者，往往与山茶花混同。此说不算全错，毕竟茶梅亦为山茶属之一种。但严格到种，细细比较两者，区别则比较明显。

山茶植株大，茶梅个子小。明代画家陈道复有一首《画茶梅》诗，就谈及这一点："花开春雪中，态较山茶小。老圃谓茶梅，命名端亦好。"三类品种群中，普通茶梅植株高一些，亦不过两米左右，而山茶花最高可达九米。我们小区的山茶，一般在两层楼左右高。最常见的冬茶梅品种群，大约高一米，矮的甚至只有半米，亦是花开满枝，故用作绿化隔离带，或做盆栽，都比较适宜。

"已是悬崖百丈冰，犹有花枝俏。"是毛主席写梅花的句子。而梅尧臣的"腊月冒寒开，楚梅犹不奈"，苏轼的"说似与君君不会，烂红如火雪中开"，也是说山茶开放在腊月深雪之季。在诗人及被诗人们误导的一般人眼中，似乎认为梅花、茶花最能傲雪斗霜。其实，这是一个误会。

据观察，江南最寒冷季节开花植物，也就开头所列蜡梅、枇杷及本文主角茶梅等几种，梅花、山茶一般要到阳历二三月才能开放，此时春天已经拉开大幕了。所以，我们农历春节前看到的山茶属植物，除美人茶之外，一般为茶梅，春节之后大规模开放的，就是山茶了。

茶梅花期漫长，盛放之时，亦是落红无数之时。尤其正

当花季的冬茶梅，枝上地下，均红艳艳一片。细心之人观察落花，会发现区别茶梅与山茶最简便易行的方法。茶梅花瓣基部离生，故花是一瓣一瓣凋落的，有时候花瓣落光了，花蕊还在枝头。而山茶花瓣基部连生，故落花之时，和木棉、油桐花一样，整朵整朵坠落，保持着在枝头时的姿态。知道了这个秘诀，咱们就不必费心去比较小枝是否有毛、叶子孰大孰小，即可以轻松辨识二者。

茶梅实在太常见了，单位门口的花坛，开车路过的绿化带，公园里、小区内……这个季节的宁波，高高低低，大大小小，到处可见茶梅倩影，却少有人为茶梅慢下匆匆的脚步。

"眼前无奈蜀葵何，浅紫深红数百窠。能共牡丹争几许，得人嫌处只缘多。"此为唐朝诗人陈标为蜀葵鸣不平之作，窃以为，将"蜀葵"二字换为"茶梅"，亦能尽意。其实只要我们稍一驻足，细细品鉴，令人熟视无睹的茶梅，亦有诸多动人之处。

十大功劳

何德何能担大名

十大功劳，是个听过一次就很难忘记的名字。一则不像典型的植物名字，二则听起来颇有表彰之意。当得知这种植物叫十大功劳时，人们总会惊叹："啊，十大功劳，厉害！哪十大呢？"

"它是原产于中国的重要木本药源植物，根、茎、叶均可入药，可清热燥湿、泻火解毒，可消炎止痛、止咳化痰，还有滋阴壮阳之功效。既可看花，又可赏叶，还是观果植物，可谓全身都是宝。"

"嗯，好像只说了八大功劳。"

"呃，是吗？还有其他几大功劳是啥呢？容我再想想。"

经历过这样的疑惑后，觉得还是要好好翻书，查一查它们到底何德何能，可以担此大名。第一本要翻的书，当然是《本草纲目》，李时珍关于草药的释名和集解，文采斐然又科学形象。可是在目录页反复查阅，没有！不是说十大功劳是中国原产的古老药材吗？为啥连明代的著作都没有记载呢？

清人赵学敏的《本草纲目拾遗》，也没"拾"到它。接着我把《草木典》《花镜》《救荒本草》等架上古书一一翻遍，都没有记载。最后翻到清人吴其濬的《植物名实图考》，才发现"十大功劳"赫然在列，那一刻，真有柳暗花明的感觉。

满心欢喜翻到页面，却依旧失望，吴其濬在条目之下根本没有解释十大功劳名字的由来。不过，他对十大功劳的产地、外形及适应病症的描述，倒是极其简洁精当：

"十大功劳，生广信。丛生，硬茎直黑，对叶排比，光泽而劲，锯齿如刺；梢端生长须数茎，结小实似鱼子兰。土医以治吐血，捣根取浆，含口中治牙痛。""又一种，叶细长，齿短无刺，开花成簇，亦如鱼子兰。"

按照该书体例，条目之下都有配图，两张配图非常清晰，植物特征明显，前为阔叶十大功劳，后为十大功劳。植物分类学者正是根据这两张图，将小檗科 Mahonia 属的中文名定为"十大功劳属"。

由此可知，十大功劳的名字应该来自这里，既然连吴其濬都没有解释为何如此命名，那可能就没有其他权威解释了。所以，咱们且放下这个好奇心，不必机械地探究它们到底有哪十大功劳了。个人猜测，也许是因为这种植物用途广泛，功劳巨大，依照民间凡事讲求"十全十美"好彩头的心理，被赋予象征圆满的数字"十"吧。

据《浙江植物志》记载，本省共有小檗科十大功劳属植物 4 种，分别是：十大功劳（Mahonia fortunei）、阔叶十大功劳（Mahonia bealei）、小果十大功劳和安坪十大功劳。前三种为浙江分布，安坪为引种。我们多数人认识的十大功劳，主要是前两种。认识的场合，不在药店，更不在山野，而在绿化。十大功劳叶多硬刺，是理想的隔离带植物，人畜皆难通过；它们花叶俱美，耐寒，好打理，是优秀的观赏植物。故此，园林运用十分广泛。

在单位门口，就有一丛阔叶十大功劳，一人多高，长得郁郁葱葱，它们就像一群恪尽职守的优秀哨兵，风雨无阻地守护着这幢大楼。我每天进出，都不忘给它们行注目礼。朝夕相处之间，对它们也熟悉起来，其四季变化，

阔叶十大功劳花

阔叶十大功劳果

都看在眼里，记在心间，也发现了一些趣事。

阔叶十大功劳为常绿植物，叶子主要集中在顶部，复叶对生，小枝四面披拂，其势若伞，又如绿云。叶片平时绿色，个别还会变红，一丛之间，有红有绿，叶色颇美。花期约在11月至次年3月，和枇杷、茶梅、蜡梅等一样，都是跨冬开花的植物。其花黄绿色，形状与素心蜡梅相似，小花组成十多厘米高的总状花序，簇生于小枝的顶端，美丽而优雅。

在观察中还发现，阔叶十大功劳还是一种会设机关的聪明花，其雄蕊贴着花瓣内侧围成一圈，花中央是一根粗粗的花柱，当蜜蜂触到花柱时，四周的雄蕊瞬间合拢，把花粉打到蜜蜂的腿上或者头上，当它们再去访问另一朵花时，就实现了传粉。这种植物的结果率特别高，也许和它们这种巧妙的机关有一定关系。

在每一根长长的花序轴之间，经常能看到非常动人的生命景象：顶端新的花苞在不断产生；而中间的花朵半开或全开，正是最美好的时刻；再往下，有的花开败了，还有的花瓣落光了；而最下端，粉色小腰鼓一样的果实，已经密密麻麻地长出来了。这些花儿在集体进行着一场种族繁衍的接力赛。

等到二月底三月初，所有的花基本开完，花序轴上就只剩下红红的果实了，在阳光雨露的滋养下，果实表面的红色渐褪，细瘦"小腰鼓"逐渐变结实变丰满，到四月份，摇身变成圆胖可爱的绿色"小杧果"，尽显一派硕果累累的丰收景象。至此，一个完整的繁殖周期结束了。

据观察，相比十大功劳，阔叶十大功劳在宁波运用得更多。在鄞州中心区，配置的基本上是阔叶十大功劳，在鄞州湿地公园，发现两处十大功劳。看名字，就知道两者的主要辨识点在叶子，十大功劳叶形似竹而狭长，阔叶十大功劳叶形有点圆胖。两者花果期也不一样，十大功劳是夏花，花期在闷热的七至九月。而阔叶十大功劳属于冬花。

有些花友还容易将阔叶十大功劳和枸骨搞混，二者叶形均长圆，叶上

十大功劳　　　　　　　　　　　　　　　　　　　枸骨

都有刺，确实有些类似。但细细比较，两者区别还是挺大的，十大功劳是
小檗科，而枸骨为冬青科，枸骨叶是立体的，中央刺齿常反曲，整体看起
来有点像准备展翅翱翔的飞机，而阔叶十大功劳叶刺微微有点下翘，基本
还在一个平面上。枸骨花序很小，簇生于叶腋，阔叶十大功劳花序盛大，
顶生。另外，两者果实颜色差别更大，十大功劳果实生时绿色，熟后深蓝色，
枸骨和冬青属其他植物一样，都是红色。

　　前段时间，公众号"浙江山野"老蒋的《关于博物学的在地化》一文
刷屏了。他从"观察易于实行""爱国爱乡情感所系"以及"促进环保行动
需要"三方面着手，论证了博物学在地化的价值所在，引起了大家的共鸣。
我们大多数人不能经常出去旅行，诗意也不一定和远方联系在一起，只要
有心，家门口到处都有值得欣赏的风景，就比如这颜值与实力兼具的阔叶
十大功劳。

单叶铁线莲

且挂铃铛待雪来

　　铁线莲，毛茛科铁线莲属，多年生木质藤本植物，因"茎似铁线、花开如莲"而得名。无论野生品种，还是园艺栽培，多"花大而美，色彩艳丽"，是全世界花友钟爱的"藤本皇后"。

　　据浙江农林大学季梦成教授团队调查，浙江为铁线莲种数比较丰富的省份之一，共有22种、9变种，其中舟柄铁线莲、毛叶铁线莲、浙江三木通、天台铁线莲为浙江特有种。这31种铁线莲中，就包括被花友们戏称为"单铁"的单叶铁线莲（*Clematis henryi*）。

　　我曾在不到一年的时间里，有幸观察到单叶铁线莲含苞、开放及结果的全过程。2017年3月，在海曙区龙观乡初见。那时的它们，结着长长细丝般的瘦果。同年12月，在鄞州区东吴镇再次相遇，它们绿色的花苞如小小的灯笼椒，高高低低挂了一大片。2018年1月，正逢周六，花友三哥现场发来图片，但见花苞已变成了一个个白中泛绿的小铃铛，玲珑精致，安静素雅。原来，单叶铁线莲已悄然开放！

　　周日，特意起个大早，我们驱车40多公里去探花。在迷蒙缥缈的细雨中，在寂静湿冷的空山里，终于见到了单叶铁线莲挂满"铃铛"的模样！这株单叶铁线莲攀缘在山涧之中的小乔木上，随着树冠向四周伸展，上面垂挂着朵朵精美的小花，可望而不可即。我们打着伞，绕着它寻找不同角度，看看拍拍，不知不觉就过了一个多小时。举相机的手早已酸爽，眼睛却舍不得离开，此中之趣，乐者自知。因上午十时有约，只得恋恋不舍地赶回城区。

在众多的铁线莲中，单叶铁线莲虽非浙江特有种，却是最特立独行、生存智慧最让人惊叹的一个。其"特立独行"主要体现在两方面：

一是最具辨识度的"单叶"特征。一般铁线莲属植物多为复叶，31 种浙铁之中，三出复叶超过一半，其余多为羽状复叶。唯有单叶铁线莲，其叶对生，顶端渐尖，基部浅心形，边缘具刺头状的浅齿，基出弧形脉五条，形似土茯苓而微胖，又如菝葜而修长，叶形非常清雅。

二是最不同寻常的花期。几乎所有的浙江铁线莲，都在春夏季节开花，且集中在五六月份。而单叶铁线莲却在一年之中最冷的大寒前后绽放，故在浙江，单叶铁线莲又名"雪里开"。又因此时山中花开者寥寥，弥足珍贵，故被花友们誉为"浙江一月最美野花"。

单叶铁线莲的"生命智慧"，尤其令人惊叹。选择寒冬腊月开花，是单铁的一个生存策略。此时虽然花少，却仍有应时活动的蜂蝶，这些蜂蝶只能在少数几种植物上采集花蜜，从而保证了传粉的精准性。但问题是，单叶铁线莲难道就不怕冷吗？我采了一朵花的标本细细琢磨，观察到它们为适应寒冷环境而进化出的一些生命智慧。

首先，花朵的"小铃铛"造型，可以让花蕊免受雨雪侵袭。大多数铁线莲花朵为"莲花形"，而单叶铁线莲的花朵为"铃铛形"。四片貌似"花瓣"的构件，其实是花萼片。在含苞之时，绿色萼片呈密闭状态，犹如母亲的子宫，让花蕊在其中温暖而又安全地发育。初花期，萼片变白，微微

张开，基部一点淡紫色，让花朵整体看起来洁白莹润，仙气十足。

此时的萼片，手感不错，柔软绵厚，就像给花蕊穿上了一件温暖的裘皮大衣。细看萼片外侧，基部有许多纵列的平行脉，方便导流雨水。花朵绽放的时候，萼片也是半开半合，无时无刻不在发挥着保护作用。只有在花蕊完全成熟时，萼片才会把角度张开到最大，方便蜂蝶传粉。

其次，花蕊的"逐层递进"构造，是御寒的秘密武器。将标本倒过来观察，靠近萼片内侧的一层，是一圈长长的茸毛。它们像裘皮大衣的羊毛里衬，轻轻包裹着发育中的淡黄色花药，为它们防寒保暖。被雄蕊众星拱月般环绕着并高出一截的，是一小撮绿色的绢毛。我拨开绢毛，去寻找单叶铁线莲的雌蕊，却怎么也找不到。后来细读植物志，才知道我是"骑驴找驴"，原来绿色绢毛就是它们的羽状花柱。这样的花柱，还是第一次遇见。单叶铁线莲为了对抗严寒，真是无所不用其极，简直武装到了牙齿。

单叶铁线莲并不起眼，我们看到的这一大株，如果不是之前已经知道它的方位，也许就擦肩而过了。但它是一种芬芳宜人的植物。其香味，和此时正大规模开放的蜡梅比较相似。纵使那天下雨，我们在旁边拍照时，也能闻到一股似有若无的幽香。晴好天气，估计香味更浓郁一些。据三哥说，这株单叶铁线莲，就是 2017 年 2 月的某一天，和他一起刷山的花友紫叶、水仙被香气吸引，然后"闻香寻花"得以遇见的。我在观察花朵标本后，过了好几个小时，手上仍残留着淡淡的芳香。

梅

疏影含香雨更幽

江南自古多梅。自南北朝诗人陆凯"聊赠一枝春"给范晔后，梅花几乎成了江南冬春之际的代表物候。北宋林和靖在杭州"梅妻鹤子"，吟出"疏影""暗香"的千古佳句，让梅与江南的代表关系更加稳固了。

时至今日，梅花依旧牢牢占据着冬春之际江南第一花的位次。每个稍大一点的长三角城市，几乎都有久负盛名的赏梅胜地。苏宁杭不论，单单甬城宁波，就有北仑九峰山、奉化南岙、江北慈湖等多个规模宏大的赏梅好去处，在城区，喷火蒸霞般盛大绽放的红梅同样随处可见。

赏梅最好有雪，似乎成了定论。一些流传千古的梅花诗，总和雪联系在一起，如唐朝张谓的"不知近水花先发，疑是经冬雪未销"，北宋王安石的"遥知不是雪，为有暗香来"，以及南宋卢梅坡的"有梅无雪不精神，有雪无诗俗了人""梅须逊雪三分白，雪却输梅一段香"，都是如此。不过，这些诗人所吟咏的，都是开白花的江梅。

关于红梅与白雪的文学画面，印象最深的是《红楼梦》中宝玉"访妙玉乞红梅"片段。该回标题中的"琉璃世界白雪红梅"，寥寥八字，就把一个童话般的美丽世界呈现在我们面前。书中借宝玉之眼描绘了栊翠庵的美景：

"于是走至山坡之下，顺着山脚刚转过去，已闻得一阵寒香拂鼻，回头一看，却是妙玉门前。拢翠庵中有数十株红梅，如胭脂一般映着雪色，分外显得精神，好不有趣。宝玉便立住，细细的赏玩一回方走。"

后来，宝玉在联句大战中落第，被李纨罚去栊翠庵取红梅，大家都夸李纨罚得又雅又有趣。宝玉"不求大士瓶中露，为乞霜娥槛外梅"，顺利向妙玉讨到了一枝二尺来高、五六尺来长的红梅回来，大家非常喜欢，赏玩不已。

江南见雪不易，逢大雪而又遇红梅开，更不易，但雨还是不少的。昨日偶然读到宋朝诗人胡仲弓的《雨中看花》："顽云痴雨霸春寒，李白桃红总失欢。试问东君因底事，却来花上作艰难。"不觉莞尔，这头一句，简直太贴合当下江南的天气了。

去冬今春，不是阴，就是雨，且雨居多，12月晴了两三天，1月晴了五六天，而2月只在大年初二见过蓝天白云，果然是"顽云痴雨霸江南"，而且还不知道会霸多久。这种天气之下，不少需要太阳照射才能开的花开不了，还有些植物因为长时间阴冷潮湿容易滋生细菌和虫害，的确是"却来花上作艰难"。

不过，对梅花来说，凄风冷雨也算不上啥，它们本来就是"风雨送春归，飞雪迎春到。已是悬崖百丈冰，犹有花枝俏"。而且，雨中之梅欣赏起来还别有韵味。

新入住的小区，虽是十年前建成的，但园林做得很不错，配置了不少梅花，且多为上了年头的老梅，形态很好，有红有白，红的多为朱砂梅，数量最多，白的只江梅一种，配置少些，

估计是怕色彩太冷。它们或丛植成片，或一棵风流，或墙角横斜，或临水弄影。2月中旬正值盛花期，到处红红与白白，出门就能闻香、看花，赏梅从未如此方便，和梅花可谓"晨昏忧乐每相亲"了。

雨中赏梅，是这个季节的赏心乐事。凄风苦雨的天气里，小区尤其安静。我常常一个人撑着伞，背着相机，走在湿漉漉的幽静小道上，听着细雨在伞上发出沙沙的声响，在梅树边上久久徘徊。闻着阵阵暗香，赏着秀丽姿容，心仿佛被熨帖过一样，有一种宁静的舒坦和快乐。

相比于雪中红梅的对比鲜明、蓝天下江梅的洁白素雅，雨中红梅有一种令人怦然心动的灵秀之美。花期较晚还在含苞的梅树，稀疏的枝间常常挂着很多小水珠，一颗颗晶莹剔透、排列有致，和胭脂点点的梅苞正好一红一白，相映成趣。而花到最盛期的梅树，那一树娇艳的繁花，久经雨水的滋润，更显容光焕发，风姿迷人。

走近了细品，一些细节也让人动容。梅树那遒劲鳞皱的树干，因为雨水，显得黑乎乎的，水油油的，好似书法家饱蘸浓墨写下的厚重一笔。而看单朵梅花，红红的花瓣上滚着水珠，精致的花蕊间含着雨滴，纯净、美好。水是生命之源，雨更是美学大师，它们和花的缠绵与交融，绘出一幅幅图画，显得如此精美绝伦。

"篱边一树最佳处，半在溟蒙烟雨中。"因为有梅花，在这样阴冷潮湿的春寒季节里，心有所寄，美有所赏，心也就无比安定了。

蘘荷

远古嘉草今犹在

北风呼啸，天寒地冻。这个季节去刷山，经常碰到一种颇具神秘色彩的植物——蘘荷（*Zingiber mioga*）。

蘘荷没有枝，也没有叶，只有红彤彤的一丛或单个长在地上。那样子，就如同一只只倒立着被劈开的红辣椒，"红椒片"上还粘着些带白色外皮的黑籽。乍一看，就好像红眼皮中间长出好多眼珠子，警惕地监视着外面的一举一动。如果独行山中，忽然遇见，估计小心脏会吓得扑通扑通。

恐惧来源于不可知。当我们了解到它们不过是蘘荷的蒴果时，就释然了。蘘荷为姜科姜属植物，植株高半米左右，其枝叶与生姜类似，喜欢生于阴湿山谷之林下。蘘荷是江南山野常见植物，分布于长江流域及以南的很多省份，宁波也有不少，我曾在鄞州东吴、宁海的茶山和大短柱等地多次偶遇它们。

蘘荷最奇特之处，是花长在根部。八九月份，其竹笋一样的花苞会从土里钻出。开花时节，花从"竹笋"顶端爆出，花柄很长，花朵洁白透明，形状类似百合。花蕊也很奇特，中间一根白色圆柱形的是雌蕊，雄蕊则附

生于雌蕊底部。十一、十二月，蒴果慢慢长成，最后开裂为三瓣，地上部分则逐渐枯萎，最后只剩下果实，成为本文开头所述之状。

虽然蘘荷是山野常见植物，翻查古籍，发现此物大有来头，竟是一种入了《周礼》的古老植物。据《周礼·秋官·庶氏》记载："庶氏掌除毒蛊，以攻说禬之，嘉草攻之。"意思是说，庶氏负责治疗蛊毒，一是祈祷神灵来帮忙，二是用嘉草来破除。此处"嘉草"，据考证就是蘘荷。

蛊毒是古时候一种带有巫术色彩的害人方法，尤以西南地区为盛。据说是将许多种毒虫放在一个器皿，让它们互相残杀，百日之后打开，最后活下来的那只"毒王"，可用来制蛊，或施放在别人的食物酒茶中，或幻化成形迷惑人。中蛊毒者或神志昏迷，或性情大变，或五脏六腑溃烂，诸如此类，总之是很惨的。而蘘荷，恰恰是治这样一种蛊毒的神药。

晋代干宝的笔记体志怪小说集《搜神记》有这样一个故事："余外妇姊夫蒋士，有佣客，得疾，下血；医以中蛊，乃密以蘘荷根布席下，不使知。乃狂言曰：'食我蛊者，乃张小小也'！乃呼'小小'，亡去。今世攻蛊，多用蘘荷根，往往验。蘘荷，或谓嘉草。"

故事的大意是，其妾的姐夫蒋士有个用人，得了便血病，医生认为中了蛊毒，就悄悄将蘘荷根放在用人的睡席下。不多久，用人开始胡言乱语，说出给他放蛊的是张小小，有人立即去找张小小，张已逃走，于是蛊毒就破了。传说要治蛊毒，必须找出施毒之人，一旦找出，蛊毒自消。从现代医学角度来看，此种治疗方法十分荒诞，但很多典籍包括《本草纲目》都记载了类似方子，只不过有的用蘘荷根，有的用蘘荷叶而已。

唐代诗人柳宗元有一首《种白蘘荷》："皿虫化为疠，夷俗多所神。衔猜每腊毒，谋富不为仁。蔬果自远至，杯酒盈肆陈。言甘中必苦，何用知其真？华洁事外饰，尤病中州人。钱刀恐贾害，饥至益逡巡。窜伏常战栗，怀故逾悲辛。庶氏有嘉草，攻禬事久泯。炎帝垂灵编，言此殊足珍。崎岖乃有得，托以全余身。纷敷碧树阴，眄睐心所亲。”

该诗前半部分，主要是谴责那些“谋富不为仁”的制蛊者，让自己在南方忐忑不安、防不胜防。后半部分自“庶氏有嘉草”开始，则记叙了诗人好不容易得到白蘘荷之后，慎重地种在碧树阴下，因为要靠这个防身，故每日殷勤探看。从此诗可以看出，诗人被贬南方瘴疠之地，惶惶不安。此诗表面上是讽刺社会上的贪鄙之人，其实是一首政治讽刺诗，白蘘荷也就成了他保持个人精神高洁的一种象征。

蛊毒是一种什么样的毒，到底能导致什么样的疾病，我们不得而知，但蘘荷作为一味良药却是肯定的。《中国植物志》记载，蘘荷有温中理气、祛风止痛、消肿、活血、散淤之功效。南朝梁代著名医学家陶弘景说过：“本草白蘘荷，而今人呼赤者为蘘荷，白者为覆菹。盖食以赤者为胜，入药以白者为良，叶同一种尔。”不知此处的“白”和“赤”指的是蘘荷哪个部分，难道是花苞？亦不得而知。从中国植物图像库来看，花色有两种，我们遇见的是白色花，多数图片是黄色花，只有竹笋一样的花苞看起来是紫色的。

陶弘景此处还提及蘘荷的食用价值。其开花之前的嫩花序，是湘鄂川渝等地居民家中常见山野蔬菜。记得 2016 年 9 月我们在鄞州东吴第一次遇见开花的蘘荷，三哥说看到过有人挖蘘荷炒菜吃。为防止这几株被人挖走，他还特地用枯叶把蘘荷花轻轻盖住。不过，在安徽岳西等地，蘘荷已被当作经济植物大面积种植了，嫩花序供食用或者制作成罐头，根叶等供药用。关于食用方法，有和辣椒一起炒，也有制作泡菜供秋冬季节食用。据喜食者说，此物带点生姜味，风味比较独特可口。

蘘荷从远古走来，经过岁月的洗礼，早已经褪去神秘的外衣，恢复其本身的药食价值，甚至成为有些地方老百姓餐桌上的常见美食。

银杏

赏罢银杏且迎新

人生在世，我们每一天都浸在时间的温水里，煮着煮着，又是一年。

进入 12 月，辞旧迎新的各种心绪便如随风飘落的黄叶，一天天堆积起来，轻盈而厚重。毕竟，那飘落的，何止是叶，那是一年的朝朝暮暮呀。

犹记得 12 月初，当四明山的银杏（*Ginkgo biloba*）日渐萧瑟时，单位大院的银杏从各个角落的常绿树木中冒出来，树树金黄，刷新着一片片绿意。

这众多环肥燕瘦的银杏树中，我最爱南门出口那一棵。它的主干并不特别高大粗壮，但枝繁叶茂、树形优美。自它从黄绿色渐变成金黄色，我每天中午都要去看看，仿佛只有这样，方不负银杏这一季的美好。

9 日至 13 日，节气已至大雪，宁波暖阳高照，将寒未寒。这棵银杏美得不可方物！阳光为它镀上温柔的金，天空为它配上辽远的蓝。每一片叶子，都熠熠生辉；每一次凝视，都令人沉醉。

"最是人间留不住，朱颜辞镜花辞树。"除了朱颜，除了花，同样留不住的，还有叶。西风一天紧似一天，催促着叶与树作最后的别离。从高楼的窗户望下去，如茵的绿草上，渐渐铺上了一地碎金。与无患子、朴树等

相比，银杏从通体金黄到叶落殆尽，如摧枯拉朽般，时间更短，态度更干脆。16 日，树上的叶子已经很稀少了，再一两日，便完全"清零"了。

当银杏繁华褪尽，黑褐色的树干和枝丫突然之间全无遮挡，看起来好像不知所措又无可奈何。冬至前一天，读丰子恺的《梧桐树》，见他描写梧桐叶落的光景："这几天它们空手站在我的窗前，好像曾经娶妻生子而家破人亡了的光棍，样子怪可怜的！"心下暗暗称奇，觉得真是写尽了落叶乔木的变迁。

只是，树有重盛日，人无再少年。譬如此时的银杏，虽也是"空手"站着，但这不过是它天长地久的一瞬罢了。据《中国植物志》记载，银杏为中生代孑遗的稀有树种，系我国特产，仅浙江天目山有野生状态的树木，其余均为栽培。和银杏同纲的其他植物皆已灭绝，唯有它，穿越远古的雨雾云霞，依旧和我们站在一起。

银杏是一种有故事的树。李时珍《本草纲目》曰："原生江南，叶似鸭掌，因名鸭脚。宋初始入贡，改呼银杏，因其形似小杏而核色白也。今名白果。"银杏见证了地球波澜壮阔的发展史，也见证过人间芸芸众生的喜怒哀乐。它可以无比宏大，也可以精微动人。

北宋欧阳修和梅尧臣是相知相惜的诗友。据载，欧阳修在汴京为官时，梅曾在安徽宣城老家后园采得百颗银杏核，托人送给欧阳修。银杏核仁"熟食温肺益气，定喘嗽""生食降痰"，但其果肉味臭、有毒，去肉取核颇不易。梅尧臣之雅意，可见一斑。欧阳修深为感动，赋诗致谢："鹅毛赠千里，所重以其人。鸭脚虽百个，得之诚可珍。"

银杏曾以它独特的精神激励过我。20 世纪 90 年代，朋友联络主要靠书信。那些与我青春做伴的好友，那些承载着对未来憧憬的信件，既温暖又催人奋进。记得大三时，在老家偏远乡镇工作的好友来信，聊及银杏的故事。3 月初，他去乡里最高峰上的一个小村落走访。那大概是全县居住环境最恶

劣、生存条件最艰苦的地方，当时还有几十人住着。村头有棵银杏树，枝条如枯死一般。他折下一段带回乡里，清供在书桌上。令他感动的是，一个多月后，"枯枝"长出了五个饱满的绿芽，后来又长成了嫩绿的叶子。

彼时他是乡团委书记，繁忙的工作之余正备战本科自考。他说自己在思考：将来能做些什么，能为后人留下些什么，自己的价值有多大。我被银杏和好友所感染，以此为题材，人生中第一次在报纸上发表了散文《如你在远方》。好友初心未改，如今已成长为一名优秀的基层干部。

相比于银杏，人的一生何其短暂。每年赏罢银杏，便意味着新一年的临近。岁月更迭，总有惆怅，亦有期待。

未来的日子，且追随陶渊明的豁达吧：纵浪大化中，不喜亦不惧。

游

草木
之旅

游

Travel

雨夜访花

春日的夜晚，雨声淅沥，突然想去小区里探访花事。

我们所住的小区，每两排楼房之间，都种植着不同的花木，有白玉兰、樱花、茶花、紫荆、结香等。每年春天，看着花儿从不同地方冒出来，风情万种地在风中摇曳，我总会愉悦地想起罗隐《扇上画牡丹》中的那句诗：花逐轻风次第开。

虽然每个季节都有令我心动的花，但我最喜欢的还是春天的花。正是她们，在经历了一冬的沉寂和萧瑟后，以姹紫嫣红的美丽和青翠欲滴的绿色一起，昭示着生机，展望着希冀。于是，因为有花，整个春天，我的心里都藏着许多欢喜。

只是，我从不曾在雨夜赏过花，一来光线不大好，二来"雨送黄昏花易落"。雨夜的花，也许该是一地憔悴，不忍细看罢。但是，白天车过体育馆时，那几株早樱的一片洁白，轻易击中了我的心，让我迫不及待地想去探看小区里的那些樱花树。

雨滴轻触着伞面，我享受着雨夜的清新，慢慢地往北门走去。记得每年花开时节，行走在那两排楼房之间，两旁的樱花树宛若两列轻舒广袖的仙女，清而不寒，娇而不艳，一见之下，不由屏息。当我正凝视这如梦似幻的花颜、享受这似有若无的芬芳时，有风吹过，花瓣轻轻飘落，令人顿生羽化登仙之感。今晚，借着暗淡的路灯，看到这些樱花还没开放，我不免有些遗憾，转而又想，树上已长出了许多小小的花苞，一树繁花的景象，指日可待。我正可在安心等待的日子里，见证她们的渐次绽放。

　　穿过小区往回走，我发现，一段时间没来，几株白玉兰花期已过，树上长出不少叶子。正张望着，便看到了静立一旁的茶花。茶花有粉红、大红、全白等颜色，但小区里的茶花几乎都是大红色的。白天远远地看茶树，绿叶红花，似乎是一种典型的"俗艳"。我想，"红"或"绿"原本都让人

喜爱，但"红配绿"却不讨人喜欢，是不是因为红和绿同时吸人眼球争当主角，结果两败俱伤呢？如果绿色来得浅一点，或者红色来得淡一些，比如花是粉红或全白的茶树，叶和花就相得益彰。

这些茶树乍看并不起眼，甚至很容易被忽视，但其实只要停留片刻，就会发现这些茶花虽然都是红色，却有很多种花形，且每一种花形，都让人叹服大自然的神奇。茶花的花期较长，尤其是鼎盛之时，细看枝头，有的含苞待放，有的娇艳柔美，有的日渐衰败，似乎人生的少年、青年、中年、老年，就这样浓缩在一棵树上，各有各的过往，各有各的现在，各有各的未来。

夜晚的茶树，绿叶谦让地隐在夜色中，红茶花的姿容便生动多了。这样的姿容，在镜头下一定更美吧，何况今夜雨润红姿。借助路灯还有手机的闪光灯，我拍下了第一张"雨夜茶花"照。没想到，这一创意令我惊喜万分：瞧，红茶花和绿叶镶嵌在夜幕中，点点滴滴的雨珠缀在花上，泫然欲滴，恰是"茶花一枝春带雨"；被雨水洗过的绿叶，干净、透亮，叶脉清晰得几乎可以听见绿意流动的声音。

我欲罢不能，在小区里寻着不同花形的红茶花。这一刻，世界的喧嚣都已远去，雨夜的红茶花，俏生生地开遍我心田的每一个角落。

之后，我又去拜访了小区的二乔玉兰、紫荆、迎春花……在朦胧的夜色中，在绵绵的细雨中，她们向我展示了别样的妩媚和温润，还有"草木有本心，何求美人折"的安静与从容。

雨夜访花，原来可以这样妙不可言。

就在这样一个雨夜，在与草木相顾无言的静默中，我想起了苏轼对海棠的爱怜，读懂了他"只恐夜深花睡去，故烧高烛照红妆"的痴语。

悠园记趣

年岁渐长，似乎日子也过得更快了。转眼间，我们搬家已一年。

家门口有一方小院，我们美其名曰：悠园。记得去年初见，因房东多年来从未入住，小院完全被构树占领，高的矮的、粗的细的，满院苍翠，其中一棵碗口粗的构树，已高过一层楼。

人到中年，不过是偶尔抬头做修篱种菊、坐看云起的梦，低头却继续走百转千回、磨砺心智的路。悠园虽小，却几乎是我们对新居最大的期待和向往。整理好院子后，我们一遍遍地设想，该种些什么呢？

邻居家静立一角的芭蕉，那么清新典雅，每每观望，总能撩拨起内心深处的诗意。心想，不如我们在墙角种几竿修竹吧，芭蕉与竹气质相谐，何况"竹影半墙如画"，岂不兼得月夜之趣！但是懂园林的朋友说，小院太小，竹子盘根错节，恣意生长，恐有了竹子再难种其他。于是只好忍痛割爱。

所幸，悠园的短墙外就有银杏、朱砂梅等，它们带来了一季又一季的惊喜。特别是那株朱砂梅，冬日里一树嫣然，每次从落地窗望出去，或者在院子里闻到扑鼻幽香，便觉满心欢喜。某天读到宋朝赵崇嶓的《窗前》：

"窗前寻丈地，种得一株梅。明月清风我，红尘不复来。"心下颇为震撼！不仅因为笔名与题文巧合，更因诗人仿佛透过八百多年的光阴，浅近而深刻地描摹出此情此景。

在悠园种花种菜，那是断不能少的了。我们请人铺设了一条鹅卵石的小路，戏称"香径"，想象着以后在两边种上各种花，漫步其中，便是人与花心各自香了。我们还将从小路通往地下室的栏杆命名为"平栏"，准备以后挂上一些藤蔓植物，便可凭栏欣赏它们的轻舞飞扬。

试问何以寄浮生？悠园香径共平栏。

2019 年 11 月底，我们利用周末翻土、整地，撒上一些白菜、油菜、芫荽的种子，还间种了些花。整个冬天，也有了一些简单的收获。这便是悠园的初体验了。

繁花过眼后，四月来了。默默蜗居在墙角的蒲儿根终于绽放，枝头一簇簇黄花别有风致。我们网购了一些蔬菜苗、肥料,又将从山中捡拾的干牛粪以及厨房里磨碎的蛋壳、虾壳等埋到土里。同时,收集枝干用以扶持蔬菜的生长。老妈帮着浇水、施肥、捉虫,每天待在悠园的时间越来越多。

5月起,悠园在湿润的雨季里一天天饱满起来,原先疏疏落落的植株明显长高长大了。虽然因为种了蔬菜,花草并不多,但悠园的花日渐丰富:先是朱顶红开了,然后是小番茄、土豆、辣椒、丝瓜,最后是南瓜、茄子、苦瓜等次第开花。这些花或明艳热烈,或清雅高贵,装点着悠园,预告着收成。

悠园几乎承包了我们一家夏天看花摘果的乐趣。每天清晨和傍晚,我们都要巡视一番。原来这些曾经熟视无睹的花,也是按时间排着队出场的,而且每种菜花都美得令人惊叹。不知从哪里冒出来的蜜蜂和蝴蝶,也开始在悠园忙碌起来,俨然很励志的"你若盛开,蜂蝶自来"现场版!

各种菜花中,印象最深的是茄科茄属的土豆和茄子。这是我第一次见到土豆花:白色的花瓣,黄色的花蕊,细长的花柄,既简洁又优雅。据说土豆花还有紫的、粉的,16世纪中期土豆刚从南美洲传到欧洲时,主要当作花饰,其颜值可见一斑。茄子的花瓣淡紫色,质感轻盈如夏裙,花蕊黄色,细细看来,自有一种低调的奢华感。这是我们以前不曾注意到的。

悠园里有两株小番茄,五月初开始花果纷呈,至六月果实渐次红透,摘儿颗在旁边的水龙头下洗洗,就可以吃了。辣椒和小番茄一样,花果众多,一茬接一茬,堪称蔬菜界的"劳模"。悠园里长得最快最高的是落地窗前的两株秋葵,它

土豆

辣椒

茄子

们在阳光下舒展着有力的枝叶和嫩黄的花瓣，主茎上不紧不慢地结着秋葵。傍晚下雨时，我发现秋葵的花瓣像扭麻花似的，将花蕊裹得严严实实。

　　园中最霸气的当属南瓜。4月上旬，我们栽下了三株纤瘦的南瓜秧。5月初，叶子开始变得很大，有的叶脉白得像结了薄冰。6月，它们兵分三路，攻城略地，一株爬上了短墙，两株盘踞在小路两端。为避免交通堵塞，我们拔掉了其中一株。至6月底，爬上短墙的那株铺满了主卧窗下的阳光房顶，另一株则沿着栏杆攀缘而下，率先成为"平栏"一景。

　　南瓜不像茄子，每开一朵花就结一个果。它们花开花落，最后只结了两个小南瓜。最有趣的是，其中一个竟结在已爬到主卧纱窗的蔓茎上。南瓜叶片宽大，叶柄粗壮，微风吹过，有荷叶田田的风姿；夜半急雨，则有雨打芭蕉的清韵。

　　宋代张道洽有诗云："到处皆诗境，随时有物华。"小小悠园，一花一蔬、一朝一暮，给我们的生活平添了诸多意趣。

悠园记囧

秋风渐起，蓦然想起与悠园有关的一些囧事，不觉莞尔。

自从在悠园养花种菜，除了花开朵朵、蔬菜成畦的喜悦，还有始料未及、忽然而至的插曲。这些插曲，也给我们的生活带来了别样体验。

去年初冬的一个夜晚，家门口的地板上，阴影里有个白色的小棉团。我弯腰拾起，软软的，正要扔进垃圾桶，仔细一看，居然在我的指间慢慢蠕动！瞬间，被胡乱抖出去的虫子，估计和我一样魂飞魄散。心定下来，赶紧开灯四处寻找，没有发现它的同类。我暗下决心，从此看到类似的不明物体，还是不要用手捡了，以免"互相伤害"。

后来的某天，我远远看见落地窗边的地板上有个黄褐色的东西，赶紧退后几步，让小山前去侦察。咦，虚惊一场，原来是只蜗牛！我们猜测，它可能是借助从悠园搬进家里的花盆混进来的。

七月，悠园的蚂蚁突然多起来了。它们总是一副忙忙碌碌的样子，有的在矮墙上来回奔波，有的在丝瓜藤上爬来爬去，还有一支小分队就在家门口活动。每天在悠园浇水捉虫的老妈，几次念叨，但我们一筹莫展。那

通泉草

萝藦

松叶牡丹

茉莉

天在单位食堂吃饭，正好和两位园艺爱好者坐在一起，话题从播种、施肥到添置锄铲，种种谐趣，简直是"入坑"指南。之后，我按他们的指导买来一种粉剂，果然有效阻断了蚂蚁的入侵。

　　蚊子也是悠园夏日的常客。彼时各种花儿正在盛开，蔬菜长势喜人。我们每天清晨洗漱完毕，第一件事就是去悠园巡视一番，同时也收获了蚊子赠送的大量"红包"。于是，在想方设法灭蚊的同时，我们开始"坚壁清野"：每次走进悠园，尽可能穿长裤；每次进出家门，必定随手关纱门。所幸蚊子只是夏天的标配，它们望秋兴叹，即便仍有几只飞来飞去，也早已失去往日的凌厉。

据说拈花惹草部落中，一位上海的女花友每次在山野看见蛇，总会近前拍照、观察一番。这真是令人佩服！

相比之下，我简直太惭愧了。悠园里有个水池，梅雨季节后的一个周末，我正在冲洗被浸湿的木制花架，忽然发现底部有好几只蛞蝓，而且我的手边就有一只！我哎呀一声，扔下花架，心怦怦直跳。

蛞蝓俗称鼻涕虫，样子很像无壳的蜗牛，它们会吃植物的叶子。平时在悠园偶遇，我只作壁上观，或者用长长的树枝把它们拨开，没想到它们竟藏在这里。更没想到的是，之后又发生了"蛞蝓事件"加强版。

单位有个同事，繁忙的工作之余，喜爱设计盆景减压。一块石头、几株野草，便成雅趣。他办公室窗台上摆放着很多小盆景，遇上同事喜欢，也不吝相赠。几天前的一个中午，我去看他摆弄新来的金钱蒲。当我轻轻拈起一小株时，突然发现根部有只蛞蝓，我哎呀一声，本能地随手一扔，不料蛞蝓竟掉在了同事手背上。同事吃了一惊，将它扔进垃圾桶后笑着说："我不怕蛞蝓，倒是被你吓到了。"我连忙表示抱歉，惊慌之余却忍不住和同事一起大笑。

悠园一年，匆匆往事如烟。其实，囧事趣事，回首皆是乐事。

刷山之人应最乐

东风知我欲山行，吹断檐间积雨声。

岭上晴云披絮帽，树头初日挂铜钲。

野桃含笑竹篱短，溪柳自摇沙水清。

西崦人家应最乐，煮芹烧笋饷春耕。

东坡先生这首《新城道中》，当下读来，最应景不过了。3月中旬，连雨初晴，苦雨已久的花儿，一鼓作气争相绽放，城里城外春光处处，人意山光，皆有喜态。

阳光灿烂的周末，离开城市去山野看草木生发，感受自然律动，是这个季节最美好的事情了。清晨，三两好友相约去刷山。我们驱车自亭下湖盘旋而上，驶向四明山深处的一个古老村落。

方过董村，远远望见路边有一棵繁花胜雪的玉兰。想起席慕蓉《一棵开花的树》："佛于是把我化做一棵树／长在你必经的路旁／阳光下慎重地

玉兰

开满了花／朵朵都是我前世的盼望……”乡野的玉兰，生在大山之间，与逼仄于钢筋森林之中的城中同类相比，自有一种潇洒脱尘的清新气质。

转过一个山头，路边裸露的黄土坡上，有数株蒲公英沐浴在清晨的阳光中，神采奕奕，生机勃勃。此时城里开黄花的，多为黄鹌菜，还有苦苣菜，蒲公英并不多见，于是再次停车拍照。窗前忽然发现一大片新鲜水嫩的鼠麴草，聊起童年往事，于是放下相机，开始欢乐采摘，准备带些鼠麴草回家做青团。赏春之外，还要吃春，这算是全方位感受春天了。

车行山野之间，顺着一树红梅望过去，山岙中藏着一个宁静的小村庄，三五间土屋，高低错落，山民们正在坡上花木地里辛勤劳动，吊车、卡车忙碌着，一树树红枫将被运出大山，装点远方的城市。山间的檫木，小花枝已经下垂，花至后期了。山鸡椒黄绿一片，开得正好。一树一树野樱花，或白或粉，在尚未从冬日萧瑟中完全苏醒的山间特别显眼。

到达目的地，停好车，背上包继续我们的草木之旅。顺着曲折的溪边小道行进，溪水清澈晶莹，在石头间欢快地歌唱。刻叶紫堇、黄堇在溪岸边轻轻摇曳。溪流中的金钱蒲，长叶披拂，青翠碧绿，颇具幽兰气质。溪水冲石，水花四溅，湿漉漉的金钱蒲，愈加显得郁郁葱葱，水灵娟秀，与巨石、清溪搭在一起，随处都是天然的盆景小品。

　　对于草木爱好者来说，同一条溪谷可以去无数次。季节不同，众多植物的花期也不同，同一株植物的不同生长阶段，也有不一样的风采，值得一再探访。此条溪谷，山水皆美，人迹罕至，原生态保持得不错，之前跟着林海伦老师来过，这已是第三次。前两次都是在五六月间，都被山蚂蟥攻击过，此次趁着山蚂蟥还没出现，赶紧再来走走。

山鸡椒

刻叶紫堇

日本蛇根草

云台南星

山靛

    人行大山之间，除了潺潺水声，一片寂静，但我们一点也不觉孤寂。这里的各种草木，如旧雨新知，一路相伴。精致秀气的日本蛇根草，有着毛茸茸的管状花朵。小白碎花的迎春樱桃，已经快要开败了，仍不失其优雅气质。一小丛云台南星错落有致地散生在路边林下，它们叶分两股，有棒状附属器，佛焰苞檐部内侧有紫色的条纹。曾在五龙潭初识的大戟科植物山靛，这里居然有大片分布，颇有老友重逢之感。

    荞麦叶大百合的新叶肥厚可爱，有着血管一样的叶脉。林间还有不少带着褶皱大叶片的虾脊兰，以及有着箭头一样叶形的淫羊藿，它们的花芽刚刚长出。紫萼也从地上冒出了尖尖的叶芽，它们开花可能要更晚一些。

荞麦叶大百合

里白

山檀

梓木草

红脉钓樟

芫花

遇见一株开花的植物不容易，必须提前熟悉它们的生长阶段，才能估算好时间前去探花，否则一次错过，就得再等一年。

早春开花的樟科植物，除了山鸡椒、檫木比较熟悉，山胡椒、山橿、红果钓樟、红脉钓樟之类，名字容易搞混，花朵外形也很难辨认。这次认清楚了两种，绿色枝条，矮灌丛，黄绿色的花序中间有一个大叶芽的，是山橿。溪边花开盛大的一棵小乔木状同类，又让我犯难了，幸好在枝丫当中寻得几枚上年生的干枯叶片，看到那离基三出脉，才敢确定就是红脉钓樟。

蕨类植物里白，因叶子上绿背白而得名。它可不像诗仙李白那么浪漫，相反，在群落之中颇为霸道。它们长得密实，个子又高，既可以从地上抽出新枝，也可以从枝上再抽出新枝。其牵枝引蔓，所到之处，不给其他草本留出生长空间。

刷山最好有同伴，一则可以互相照应，确保安全，二则多几双眼睛，可以发现更多有趣植物，遇到不认识的，还可以一起讨论。这次刷山，有花友庄主同行，何其幸也！在他的指引下，回家路上还新认识了两种颜值很高的植物。一是深蓝色的紫草科植物梓木草，是"拈花惹草部落"黑哥的最爱；另一种是粉红色的芫花，瑞香科植物，先花后叶，颜值颇高。这两种植物生长在路边，我们来时一路留心都没发现，而熟悉的人找到它们却不费吹灰之力。

山间半日，不仅看了风景，锻炼了身体，还遇见了如此多的植物，相比"西崦人家"，刷山之人亦是自得其乐了。

草木尽欲言

5月13日刷山，目标种是红花温州长蒴苣苔。此刻山间，苍翠满眼，万山葱茏，到处生机一片。

我们在奉化一处陡峭的岩壁之间搜索了好一会儿，结果令人无奈，已经开花的红花温州长蒴苣苔，太高拍不着，拍得着的却还在含苞。庄主说可能太干旱了，如果下过几场雨，说不定就可以欣赏到绝壁上的一丛好花了。

这时候最盛大无比的，莫过于小果蔷薇，千万朵小白花汇成一片洪流，或从树上飞流直下，或者在崖间倾泻如瀑，好比大雪压枝，又似白云戴帽，实在让人叹为观止。

同样令人不可忽视的还有络石，或攀巨石而散枝开叶，或缘老树而飘飘荡荡，雪白的茉莉小风车盛放在绿叶之间，特别宁静素雅。

在去龙观铜坑的路上，顺路探望了一下风兰，看到它们在百年老树上依然花开如昨，心里特别欣慰。树下那几株金银忍冬也在花期，新开的白花，授过粉的黄花，在绿叶之间婷婷袅袅。

车行山间，眼睛不时扫描道路两边的林间溪岸。宽大叶间的一丛红花，

小果薔薇

络石

金银忍冬

山姜

吸引了我们的目光，原来是山姜开花了。山姜的红果果经常见到，开花倒是第一回遇见。带着纹路的唇瓣，就好像是华南常见植物艳山姜的缩小版，非常妖艳。

道路两旁黄花满地，高高低低的蒲儿根在风中舞蹈，四五月也是它们的季节。宁波的山野乡间，想不遇见它们都很难。

我们在铜坑村停好车，顺着一条溪谷探索上行。

和蒲儿根一样，中国绣球也是当季花，山野路边随处可见。三四个白色或绿色的不育花萼片，在一片绿色之间特别显眼。细细观察，萼片上脉

蒲儿根

中国绣球

蝴蝶戏珠花

西南卫矛

络清晰，从叶片演化过来的痕迹还在。本种别名很多，CFH 记载了伞形绣球、绣球八仙、土常山、粉团花、华八仙、江西绣球、绿瓣绣球、狭瓣绣球、中国绣球等一大堆。

蝴蝶戏珠花的名字取得挺贴切，细细观察溪边这株白花满树的植物，真心佩服命名之精当，那四五朵大型不育花，恰似一只只张开翅膀的白蝴蝶。

对西南卫矛的红色蒴果印象很深，花倒是第一次看到，当时也分不清是本种还是白杜，后来从叶柄长度及小枝具棱槽等特征判断为西南卫矛，再加上向叶喜阳老师求证，才敢确定。

红毒茴

带唇兰

长喙紫茎

在溪边，还遇见了去年在岩坑看到过的红毒茴，此物在《浙江植物志》上的名字是披针叶茴香，但拉丁名是一样的，虽是简单的红花绿叶，却极具观赏价值。

溪边还有一大片正在花期的中华猕猴桃，正从树枝之间悬垂下来。花朵颜色变化规律和金银忍冬很像，初开花白，久之则黄，其花精致异常，堪比南方的西番莲。

下山之前，有两大惊喜。首先是遇见了一株正在开花的带唇兰，这也是第一次遇见，非常开心，这是我在宁波遇见的第十二种兰花。花朵正面细看，真像一个手长过膝戴着泳镜的游泳选手，非常可爱。

另一大惊喜是遇见了开花的长喙紫茎，《浙江植物志》上用的名字是长柱紫茎。属于珍稀植物的尖萼紫茎树干光滑，带着一点黄，这个树干却比较粗糙，鼠灰色，具紧密的浅裂纹，和长喙紫茎的特征符合。

这次出行，虽然没看到满意的目标种，但收获颇丰，邂逅了这么多第一次遇见的野花，已经有很多意外惊喜了。正如庄主所言，每一个季节都不能缺席。四季有花，周而复始，要经常去刷山，才能看到更多美丽的风景。

棠溪村

古木秋意浓

八百里四明山深处，有一个国家森林公园，公园往西南大约十公里，有一个千年古村，名为棠溪村。

这个世外桃源般的小村庄，三面环山，东南两条清溪蜿蜒而来，在祠堂前合二为一，从西面顺着山坡流下去。溪边高坡之上，有一片古老的风水林，傲然挺立于大山之间，庇佑着村庄世代平安、人丁兴旺。

风水林是中国许多古老村落的美丽风景线，也是一个值得探究的文化现象。为了涵养水源、美化村庄或者出于其他经济目的，甚或某些风水学上的讲究，很多村子会在村落周边种植一些树木。树木种类多选择乡土或者经济树种，江南最常见的莫过于香樟、枫香、银杏和金钱松，其他散见的还有苦槠、朴树、榔榆、重阳木，等等，都属于适应性强且易成活的树种。

岁月变迁，村落的风水林有些保存得很好，留下一大片百年甚或千年古树，有些可能只留下孤零零的一两株，甚至荡然无存。这些古老的树木往往成为村落的地标，成为人们的共同记忆以及乡愁的寄托。

在宁波，最有名且保存完好的古树群所在，除茅镬村之外，或许就是

515 岁的金钱松

515 岁的枫香树

余姚四明山镇的棠溪村了。从林海伦老师拍摄的图片，得知这片古树已是秋色怡人，于是趁着周末的好天气，我们不惜往返二百多公里，去探访它们一年中最动人的芳华。

从溪口西下高速，自亭下湖前往，清秋的风景在眼前徐徐展开，我们且停且行，且赏且摄，到达目的地时，已是下午两点多。在村后道路上，远远就可以望见山坡上这片多彩的树林。枫香的红，金钱松的橙，银杏的金黄，青榨槭的淡黄，朴树的绿……组合出一片绚丽通透的秋色。

走过龙凤桥，顺着石阶拾级而上，绕过龙凤亭，拐进林间一条铺满落叶的石板小路，才发现这片树林颇具规模。目测大概有100多棵，20多种树木，其中枫香最多，据说有37棵被列为省级古树。这些树木，参天耸立，枝繁叶茂，很有历史感。

从树身之上的铭牌得知，这批古树大致分三个年代：年纪最大的515岁左右，大致在明孝宗弘治年间种植，主要是几棵金钱松和枫香树，估计是棠溪村先人种下的第一批古树；第二批在215岁左右，时为清乾隆年间，也许是因明末清初的战火有所毁损，补种了一些；最新一批的古树，大约115岁左右，栽种于风雨飘摇的晚清时期。据村人说，原来这里还有超过800岁的大树，后来由于种种原因消失了，非常可惜。

这批古树保存如此完整，一方面说明村庄治理非常有效，估计也有类似茅镬村那样的禁伐碑或村规民约之类的制度，并且得到严格的执行，历代子孙不敢打这些古树的主意。另一方面说明村民们比较懂得保护和培育，而且代有补种、扩种，才形成了今天的规模，成为村庄最引人瞩目的宝贵财富，引得各地游人纷至沓来，一睹风采。

在小道上顺着缓坡抬头仰望，一株株高大黝黑的树干，攒聚着向天空无限延展，透过繁密的枝叶，看得见纯净的蓝天。午后的阳光斜射过来，洒在密密的红叶、黄叶或绿叶上，原本被林木荫翳的那部分天空，顿时变

枫香树叶

得五彩斑斓、丰富多变，自有一种震撼人心的壮美。

走出林子，拐到坡上最高处，来到一个开阔的平台地带，旁边这些树木年代最为久远。我们试着合抱一下那几棵 500 多岁的古树，金钱松身材修长，高耸入云，其树干两人可以合抱；枫香树横向发展，长得更加健硕，需三人才能合抱。

我们闻着枫香树那独有的气息，在树下徘徊、默观、惊叹许久，看着斜阳一点点接近山顶，我们也该回去了。

金峨寺

古刹藏灵术

明末清初著名文人、生活艺术大师李渔，曾在庐山简寂观题了一副对联："天下名山僧占多，也该留一二奇峰栖吾道友；世间好话佛说尽，谁识得五千妙论出我仙师。"

笠翁先生此联，似有为道家抱不平之意。名山与名寺之间，就像鸡与蛋，似乎说不清谁先谁后。但稍微了解一些古刹的发展历史，就可知道，山多因寺而名，而不是名山被僧所占。

一位高僧云游四海，忽见某处青山绿水、茂林修竹、环境清幽，正好结庐修炼，年深日久，渐有所得，于是开坛讲法，信众云集，然人多房少，遂四方聚力，殿宇成焉，大德出焉，古刹遂成名寺，普山遂成名山。世人只看结果，却不知祖师辈草创之初，筚路蓝缕，物力维艰，不知历经几代几世，方得以显山露水，名闻天下。

鄞南福地，灵秀横溪，被誉为中国漫游小镇。此地青山环抱，绿水居中，风光秀丽。一汪碧水是横溪水库，又称金鹅湖，天光云影，碧波荡漾，为鄞南山水点睛之笔。东边是大梅岭，层峦叠嶂，古道众多，是登山健步的

理想之地；西边是金峨山，高耸巍峨，底蕴深厚，因孕育唐代古刹而闻名中外。

此处所指唐代古刹，即曾有"小百丈"之美誉的金峨寺。浙东佛教盛行，宝刹众多，现如今，金峨寺虽然不如普陀、雪窦、天童、育王、七塔之声名显赫，但在清代以前，却不容小觑。

在禅宗历史上，有"马祖创丛林，百丈立清规"之说。金峨寺之开山祖师，即"立清规"之禅宗九祖百丈怀海禅师。他倡导的"一日不做，一日不食"的农禅生活，为禅宗开枝散叶打下了坚实的经济基础，是上承慧能、马祖以来禅法，下启沩仰、临济二宗之继往开来中坚人物。

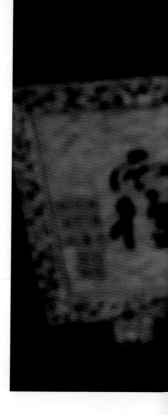

唐朝大历元年（766），大师来到金峨山团瓢峰下，披荆斩棘创立金峨寺，之后寺院代有高僧住持，在清朝进入鼎盛时代。只可惜，寺院因战火及文化灾难毁于一旦。2003年之后，在四方信众的努力之下，金峨寺逐渐复兴，至今蔚为壮观。

作为草木爱好者，颇关注古迹与草木之间的关系，深觉草木与寺院道观，往往相得益彰。古今中外，很多珍稀树种因寺庙道观修道院而得以保全；而古树名木，亦成为很多古迹闻名遐迩的重要因素。

山西晋祠之周柏、天台国清寺之隋梅、长安观音寺之李世民手植古银杏自不必说，宁波的寺院也颇有一些知名古树，如溪口雪窦寺之千年雌雄古银杏，天童寺佛殿之前1250年的唐柏，都是极为著名的。这些古树皆为世人所关注，尤其是唐太宗手植千年古银杏，已经成了网红树，几乎每年叶子黄时，都会火爆一把。

金峨寺内的古树亦不遑多让，形态各异，林立参天，品种丰富，尤以

南方红豆杉

枫香数量最多，入秋最美。其中山门左侧就有一棵415岁的枫香树。周日中午，一个偶然机会来到金峨寺。可惜这棵枫香树顶部的叶子已基本掉光，只留中下部还有一些橙黄叶片，但看起来依旧风姿不减，更显古朴苍劲，高耸于殿宇楼阁之上。古树底下右侧的百丈大师汉白玉雕像，更显得妙相庄严，寂静如迷。

金峨寺虽然近年才修复重建，古树名木却保存得比较完好。寺前多金钱松，叶落枝显，犹如祥云片片，非常雅致。山门之前，有喜树一棵，果实累累，颇有抬头见喜之意。近旁一株古枫杨树，冠幅广展，树身遒劲，三人方能合抱。

进得寺内，大殿左侧有一棵215岁的朴树，树干屈伸，华盖似伞，叶子正在黄绿之间，和飞檐翘角、瓦当屋脊搭配，显得别有韵味。绕到大圆

满觉殿后面，居然看到一棵舟山新木姜子树，树上还有残留的花朵，非常稀罕。一株叶子落尽的梅花，枝间有小鸟窝和蜂巢各一个。透过南方红豆杉带着红色种托的几颗种子，正好欣赏巨匾上的书法"慈云遍覆"。

大殿右后侧，有一棵银杏，树不大，但叶色已金黄，在庄严的重檐斗拱之间，显得特别灵秀生动。往后看，一面墙上书着一个巨大的"禅"字，透过枝叶，可以看到后殿屋檐之下有一排巨匾，书着"得大自在""心一境性"等佛门警语，无一不提醒启示着世人，要勤修戒定慧，放下贪嗔痴，摆脱烦恼欲望，达至清净解脱境界。

整个寺院非常僻静，几乎没有什么游人。我和三哥在寺里慢慢地踱着，看着，寻找不同的角度，拍摄佛门圣地的草木之美。当我们走下台阶时，蓦然回首，忽然发现重重楼宇的屋顶后，枫香古树更多，叶色更加完整灿烂，在青青翠竹的衬托之下，有一种沧桑而澄静之美，让人回味无穷。

天童寺

草树有真意

　　浙东一带，向为中国佛教之重地。天童、阿育王、雪窦、七塔、普陀五大丛林，均各具特色，且久负盛名。

　　阿育王寺珍藏佛祖真身舍利，雪窦寺为弥勒菩萨应化之地，普陀山为观音菩萨根本道场，七塔寺则是宁波城内保存最完整、规模最大的寺院，为近代中国临济宗中兴祖庭之一。

　　而天童寺驰名中外，被誉为"东南佛国"。

　　天童寺在宁波城东南，约三十公里远的太白峰下。公元300年，即西晋永康元年，天童开山祖师义兴遍访名山宝地，及至鄞县之东谷，爱其峰高林幽，人迹罕至，遂结茅为庐，潜心静修。其苦行修持感动上苍，遂遣太白金星化为童子，照料大师起居，后人遂名是山为"太白"，寺为"天童"。

　　天童寺不仅在佛教领域享誉海内外，在植物界亦颇有名气。其地所在之太白峰，山高林密，环境清幽，生态良好，物种丰富，有种子植物149科1064种。

　　在宁波成为通商口岸之后，"茶叶大盗"英国人罗伯特·福琼，先后多

次入住天童寺，在周边采集绿茶茶苗茶种以及其他植物标本。他还在山间打过野猪，也曾差点掉进捕兽陷阱。这些细节，在他的游记《两访中国茶乡》中皆有生动记载。

1997 年，国家批准设立浙江天童国家森林公园。2005 年，华东师范大学在此设立"浙江天童森林生态系统野外科学观测研究站"，成为国家第一批野外科学观测研究站，师生以此为基地开展研究，出了不少颇具影响力的研究成果。

宋人薛嵎曾有诗赞天童曰："佛界似仙居，楼台出翠微。浙中山水最，海内衲僧归。草树有真意，禽鱼尽自机。禅房无别事，唯见白云飞。"山野生态林木之外，寺院内外的古树名木，也颇可观赏。

在熙熙攘攘的游人之中，或许一半是来礼佛的，还有一半是来观景的。当然，这个"景"既包括寺院的建筑、雕塑、书法、绘画、楹联等人文景观，也包括花草树木等自然景观。

12 月 14 日，一个阳光灿烂的周六，本想跟着一帮花友刷山煨年糕，无奈脚有微恙，于是在上三塘村和他们分道扬镳，转向天童寺，去探望寺院内外那些参天古木。

在古代，天童寺最著名的植物，是松树。自小白岭至天童寺，有二十里古松夹道。王安石为鄞县令期间，曾有诗赞曰："村村桑柘绿浮空，春日莺啼谷口风。二十里松行欲尽，青山捧出梵王宫。"如今，古松只剩山门至寺院这一小段，但依稀可见旧日规模，165 岁左右的马尾松依旧不少。

天童寺前，有内外两个万工池，环植枫香、银杏、香樟、朴树、红楠、三角槭等树木，形态各异，年龄不一，但均勃勃生机，参天耸立。内池西侧有三株银杏，长枝如臂，伸向池中，形成一道优美弧线。11 月叶子黄时，游客纷至沓来，人行于金色大树下，景致绝美。

12 月中，银杏叶落枝光，枫香树接着唱主角。枫香为此处主力树种，树龄多在 100 至 200 岁，分布在寺院两侧和两池之间。被北风吹成橙红、橙

枫香树

枫香树叶

扶芳藤

扶芳藤果

黄、黄绿、淡黄等各种颜色的枫香叶，把寺前大片天空染成了五彩斑斓之色，非常壮观。

　　林间一株香樟树上，缠着几根古老的扶芳藤，树有多高，它们就爬多高。扶芳藤为卫矛科卫矛属常绿藤本，粉红色的蒴果已经裂开，露出带深红色假种皮的种子，细细密密的绿色之间，点缀着红果，远看就像樱桃成熟了一样。

唐代圆柏

朴树

　　在写有"东南佛国"字样影壁的池岸，有几株古树值得一记。影壁之后，一株305岁的圆柏中间，居然长出了一棵小香樟树，形成了"树中有树"的奇观。

　　沿影壁往南，有一株815岁的香樟，树虽不高，但极粗，三人不能合抱，树中已空，水泥填充，其上写有一个大大的"佛"字。

　　邻近香樟，有一株165岁的朴树，树身长满青苔。其树形，如同巨型龙爪槐，顶生枝不明显，下垂枝条蜿蜒曲折，好似一群即将扎入水中的游龙，形态优美。

　　穿过天王殿，便是佛殿。殿前院中，有两棵125岁的广玉兰树分列左右，树冠广展，亭亭如盖，五六月间，白花似莲，清香四溢。

　　佛殿西北角，有一株史上颇具声名的树，即1250岁的唐代圆柏。其树"根干蟠拏，枝叶狰狞，风来振吼，宛肖狮子"，故又名太白狮子柏。

　　据清人徐兆昺《四明谈助》记载："至德中（756—758），住持宗弼，

昙总之徒，徙寺于太白峰下。"故此圆柏，当为徙寺不久之后所植。天童寺屡毁屡兴，饱经忧患，这棵圆柏都一一见证，如果它能言语，该有多少话要和世人诉说？

寺内寺外，还有很多嘉木。期待在未来的日子里能经常造访，感受天童的深厚底蕴，欣赏草木的四季美好，在钟鼓梵音之间，领悟更多的自然之趣。

五龙潭

天井草木秀

　　天井山五龙潭，由梯次相连的五个水潭组成，是镶嵌在四明山区的一串璀璨明珠。此地峰峦挺拔，悬崖壁立，谷深涧幽，山高林密，潭水净碧，自古为宁波风景名胜之一。

　　清代大学者万斯同游览后，有一首《鄞西竹枝词》记其感慨："天井山高不可攀，龙藏五窟绝人寰；鹿亭攀榭无多路，定有仙人此往还。"如此山高水灵，哪怕仅仅多住一些时日，也是半个神仙了。

　　自唐以来，五龙潭就是宁波官民请龙求雨灵验之地，山上建有大书法家虞世南题写匾额的五龙神堂，宋理宗、元惠宗曾先后敕封五龙潭，如第一井被封为广佑孚泽侯，第三井被封为广济润泽侯，以前只听说过五岳独尊的泰山被封禅，不承想，小小的五龙潭也能获此殊荣。

　　以前游览五龙潭，最关心的是水量是否充沛、瀑布是否壮观。此次重游五龙潭，重在草木，最想知道的是草木品种丰富否，奇趣草木能见否。视角有变化，体验自不同。同一植物之四季形态，不同植物之次第花开，都让人充满期待。

从节气来说，小寒已过十多天，此时的山里，却依旧青山绿水，生机盎然，这就是江南的妙处了。是日，阳光灿烂，空气清冽，游人稀少，正是刷山好天气。我们溯溪而上，一边欣赏清流碧潭，一边好奇地打量着路边、崖壁及山间林下的一草一木，收获颇丰，惊喜连连。

此次最大的收获，是彻底认识了毛柄（毛花）连蕊茶（*Camellia fraterna*）。一般说来，山茶科山茶属开白花的山野植物中，油茶和野茶最为常见，不求甚解的我，以前常常错把连蕊茶误为油茶。一路上，这种花苞带着红晕、开着洁白小花的山茶科植物反复出现。起初仍以为是油茶花，后转念一想，作为人工种植的经济作物，油茶往往一大片一大片种植在一起，不会如此散布在山野。再细细观察，油茶叶子应该更宽一些，花朵更大且张开，没有这么小巧含蓄。这到底是啥呢？

忽然灵光乍现，想起曾在松石岭见过的毛花连蕊茶，当时因为下雨，未及细细观察。这次，我拨开一朵花的花瓣，非常清晰地看到，此花雄蕊自基部开始连在一起，相连部分超过雄蕊三分之一长，下连上散的样子，让人想起密密围成一圈的栅栏，这不正是连蕊茶的最大特征吗？

再看其他部分的特征，叶片革质，卵状椭圆形，叶缘有钝锯齿，先端还有尾巴状小尖，初生小枝、顶芽及叶子背面长有柔毛，叶子上面凸起的中脉上，也有细细的茸毛。手机上查中国植物志，却查不到这个名字，还以为此物乃浙江特产，只记载在《浙江植物志》中。后来花友小玥博士告知，在《中国植物志》里它的名字叫作毛柄连蕊茶，或者连蕊茶，浙江、江西、江苏、安徽、福建等地均有分布，原来如此。谜团解开，新认识了一种植物，非常开心。

顺着溪流峡谷，一路前行，岸边又一种植物吸引了我们的目光。远远望去，它们的枝条上密密地开满了白色小花，我心里一动，难道是这些天一直碎碎念而未遇见的格药柃？及至近前才发现，这是荨麻科紫麻属的紫

毛花连蕊茶

毛花连蕊茶

紫麻

麻（*Oreocnide frutescens*）。那白色的，不是花，而是宿存的浅盘状肉质花托，色质如羊脂玉，晶莹通透，紧紧包裹着黑色的种子，看起来又似剥了壳的桂圆，十分清雅。

　　远处的一棵树上，绿色的藤本爬满了树身，在寒冷的冬天，似乎给大树穿上了一件温暖的衣裳。结着密密麻麻串串黄果子的，是山蒟（*Piperhancei*），一种胡椒科胡椒属植物，茎、叶药用，可治风湿、咳嗽、感冒等疾病。混杂其中的，还有常春藤（*Hedera nepalensis*），长着自带"茶杯盖"的灰绿色果实。树下，还有一丛紫金牛科杜茎山属的杜茎山（*Maesa japonica*），白色饱满的果实，一簇簇结在枝头。同科植物中，如老勿大、朱砂根、红凉伞等，一般挂红果，忽然看到杜茎山的白色果实，很是新鲜有趣。

山蒟

杜茎山

海金子

虎刺

　　五龙潭的水特别有灵气，清澈晶莹，长流不息，或急湍似箭，在深潭中激起雪白的浪花，或蜿蜒曲折，在巨石缝隙中若隐若现地穿行。小溪中不时看到一两棵落光了叶子的枫杨（*Pterocarya stenoptera*），它们扎根在岩石中，任凭激流冲刷拍打，泰然自若地一年年长大。岸边，几株樟科润楠属的华东楠（*Machilus leptophylla*），又名薄叶润楠，正绿叶青青，亭亭如盖，为行人带去阴凉。它们毛笔头一样的顶芽，好像一个个花苞在绿叶之中冉冉升起，非常可爱。

　　江南的冬天与北方不同，没有冰天雪地，草木也少见枯黄和荒凉，寒冬和深秋的物候，很难区别开来。山上结红果子的植物，此时依然不少。光叶石楠（*Photinia glabra*）的红果子，结起来一簇一簇的，在绿叶丛中尤其显眼。海桐花科海桐花属的海金子（*Pittosporum illicioides*），果皮已经裂开，露出了红宝石一般的籽实，阳光映射之下，熠熠生辉。茜草科虎刺属的虎刺（*Damnacanthus indicus*），植株虽然不大，却被称为"大地母亲的绣花针"，小时候在山野常见，那时手脚被荆棘扎了，总喜欢拔一根虎刺的刺尖，来挑出肉中的倒刺。这次也很有幸，看到了虎刺红果，顶部的刺好像长了四个角。

过了一个龙潭，又一个龙潭，越到高处，山势越陡，峡谷更深，水势越急，风景也更美。攀到景区尽头，可见一道宽阔的水帘，贴着堤坝斜面倾泻下来，气势壮丽而雄浑。我们从侧边山坡爬至高处，俯见坝内那汪清泉，碧绿如蓝，清澈见底，似乎能将人的心灵洗净。再往上，步道已无，依稀有一条羊肠小道。为了看到更多植物，我们决定探索前进，攀着林中的树木，在险坡悬崖之间艰难前行。地上到处可见挂着红果的紫金牛，不知名字的各种蕨类，还有很多凛然不可侵犯的虎刺。

在几处阴湿的石头之间，几丛碧绿油亮、叶有细齿、正在开花的草本，吸引了我们的目光。它们萼片三个，雄蕊多数，此花此叶陌生得很，用识花神器"形色"也查不出来，也没有线索去判断。回来后，请教宁波植物园徐绒娣老师，才知是大戟科山靛属的山靛（*Mercurialis leiocarpa*）。但几乎所有资料对山靛都语焉不详，除了描述外观，对其性状、药用价值等，均没有介绍。

在一个山涧边，看到一棵叶形奇特的小乔木。同一植株之上，叶子有的三裂，有的四裂，还有的完整无裂，这是五加科树参属的树参（*Dendropanax dentiger*）。一株树上有如此变化多端的叶形，估计只有构树可以和它一较高下。林中还遇见了一种奇特的树木，其主干树皮块状脱落，以至于树干颜色深浅不一，像是穿上了豹皮裙，这就是著名的樟科木姜子属的豹皮樟。闻名已久，今日得见，幸何如之。

山中无人的野路，不敢深入太远，于是顺着来时路下山。回来整理图片，发现此次游五龙潭，无论对人文，还是草木，都有了新的认识，收获之丰，超出预计。

要深入了解一座山，泛泛而游，只能得其大概。只有从不同角度不同

山蓝

树参

时段细细去品，才能体悟其奥妙。就如同《传习录》陆澄问道之精粗，（阳明）先生曰："道无精粗，人之所见有精粗。如这一间房，人初进来只见一个大规模如此；处久便柱壁之类，一一看得明白；再久，如柱上有些文藻，细细都看出来，然只是一间房。"这次冬天游过，须待春夏秋再去三五次，才算是看清"柱上文藻"了。如此，方不负五龙潭。

清游快此日

一月下旬的这个周六，是绵绵冬雨后的第一个阴天。

"拈花惹草部落"的"宁波三主"相约去巡山，我亦欣然同往。被花友们戏称为"宁波三主"的，分别是园林大咖、拥有花草庄园的"庄主"俞兄，最爱东道岭的"岭主"三哥和"拈花惹草部落"的"群主"小山。

我们从三塘村经民丰村再到里坑水库，行程逾12公里。这里是鄞州与北仑交界处，所幸山路并不险峻，加上庄主和三哥令人惊叹的"人工导航"能力，我们穿越幽深的竹林，爬上落叶满地的山岗，路过水声潺潺的溪涧，尽情游赏冬日景象。

与其他季节的明丽丰盈相比，冬季确实黯淡萧瑟不少。远远望去，山野依旧绿意葱茏，但走近了就能发现，有的山上已是枯肥绿瘦，树与天都是灰白色。山谷因为少了绿树浓荫的掩映，显得疏疏落落。路边的金钱松、涧底的枫杨都是光秃秃的，辨认全凭"气质"。

不过，冬日山行别有雅趣。行走在清寒的风里，看着草木摇落，想起它们的春花、夏荫或秋叶，心知它们正积蓄力量等待春天的萌发，于是并

金钱松

冻绿

不觉得寂寥，反倒有一种遇见它们前世今生的新奇感。

我们邂逅了不少植物的果实。乳白色的杜茎山，紫红色的土茯苓，浅黄色的山蒟，黑色的冻绿，以及庄主专程带我们去看的扁担杆等。冬日里尤其令人眼前一亮心中一暖的，是那些红色的果实，比如生长在林下的寒莓、老勿大、草珊瑚，还有缠绕在树上、灌木丛中的南蛇藤、菝葜等。

印象最深的红果是茄科的白英和龙珠。白英是藤本植物，茎秆上遍布着轻霜般的白色茸毛；龙珠是草本植物，强壮的茎上长有稀疏的分枝。此时的它们，叶子都落光了，一个攀缘在高处，一个披散在低处，那垂挂着的圆润精致的红果子，细看如耳坠，远看似珠帘，令人遥想"美人卷珠帘，深坐颦蛾眉"，以及"春风十里扬州路，卷上珠帘总不如"的画面。

路过民丰村时，已是正午。村庄依山傍水，据说四周有九条山脉，如同九条青龙。村中有个很大的九龙潭，潭水澄澈宁静，岸边屋舍俨然。西晋时，"东南佛国"天童寺原本选址在此，后因不能满足大量僧侣日常用水需要，遂迁至目前所在的太白山麓。

冬天是安静的，花友们不至于像在春天那样手忙脚乱。我们一行悠闲地走在山中，左顾

① 白英

② 龙珠

③ 草珊瑚

④ 寒莓

⑤ 南蛇藤

⑥ 菝葜

硬皮地星

满山红

右盼,偶尔停下来拍路边的植物。这种感觉,像童年一样自在,像风一样自由。

下午,从里坑水库往回走时,前面的庄主和三哥突然停下来,招呼道:"快来,这里有宝贝!"这是花友们巡山时最激动人心的信号。这也是本次巡山的唯一信号呢!我们快步赶过去,发现地上有一种大型真菌,他们说这是硬皮地星。

它的外形十分奇特,一个圆圆的蘑菇似的"脑袋",底下的"触角"像是用硬纸板裁出来的,上面还有白色小瓷片般的花纹。我蹲下来用手轻抚"蘑菇头",不料刚一触碰,顶上的小孔就喷出一些粉来。

后来查资料得知,"蘑菇头"其实是硬皮地星的孢子球,雨水滴落在孢子球表面时,大量孢子就会借助雨水溅打的压力从小孔中扩散传播出去。"触角"是它的外包被,在环境干燥时向内卷成球状,环境潮湿时则平铺在地面。硬皮地星也因此被视为"森林干湿计"。

我恍然大悟。前段时间一直下雨,所以我们看到硬皮地星的外包被是紧贴着泥土的,又因雨水已经帮助硬皮地星把大量孢子传播出去了,故孢子所剩无几。

启功有联云:"静坐得幽趣,清游快此生。"山中一日,当属其中之乐。

香港草木小记

20 世纪 80 年代中，汪曾祺去过一次香港，回来后写了一篇文章，题为《香港的高楼和北京的大树》。开篇即写道："香港多高楼，无大树。""香港马路窄，无林阴树。寸土寸金，无隙地可以种树。"

我想，这也许是老先生对香港的一个误解。估计他没有去过山林郊野，更没有逛过城市公园，再或者他住的酒店，不巧就在钢筋森林包围之中，没看到多少大树。据香港渔农自然护理署统计，香港维管植物超过 3300 种，其中约 2100 种属本地种，植物种类丰富着呢！

就我有限的观察来看，香港对城市与人之间的和谐共处还是十分重视的。在如林的高楼大厦之间，是有行道树的，只是在摩天大楼前不起眼罢了。但如果蹲下身来，以向上的视角观察被大楼环伺的行道树，譬如银珠，还是颇有一些气势的。另外，在城市中心的不少黄金地段，更有许多公园绿地配置其中，这些都是城市的绿肺，为市民提供了极好的休闲空间。

2019 年元旦后，香港出差，这是我时隔七年再次来到港岛。酒店窗口望出去，在马路对面逼仄的大楼之间，居然有一片绿地，塑胶跑道上有人

银珠

在跑步，不知什么所在。第二天去晨练，看到牌子，才知这里就是香港最大的公园——维多利亚公园。

　　该公园建于1955年，以运动和休闲为主题，设有游泳池、网球场、足球场及其他球类场地，还有供航模爱好者训练用的水池，当然也有相当规模的园林和绿地配置。毕竟建园已经六十多年了，公园里大树很多，颇有些古木参天、树林阴翳的感觉，开花的灌木也不少，搭配很和谐。

　　更让我开心的是，树身上都挂有铭牌，正好给了我一个学习了解香港

木麻黄 木棉

柠檬桉

树木的机会。我花了两个早晨，逡巡于林木之间，对着铭牌看看都有些什么树种，观察各个树种的形态。

公园之中，华东常见树不少。形态和宁波接近的，有香樟、苦楝、荷花玉兰等。有些如枫香、乌桕等，叶子也会变色，但似乎对比不够鲜明。还有些树感觉有点不一样，比如无患子、重阳木，居然还是一身绿叶。对此，叶灵凤在《香港方物志》中曾有观察："香港的树，秋天并不落叶，整个冬天也能保持它们的叶子，甚至并不变黄。但是春天一到，就在二月尾三月初的时候，常常一棵树在一夜之间就会褪光了全树的叶子。它们可说不是落叶而是换叶。"

当然，公园里更多的是华南常见树种。比如，形如椰子树而更高大的王棕，叶子细如合欢的银珠，叶如松针、两人才能合抱的木麻黄，英雄树木棉，林中仙女柠檬桉，高耸入云的石栗，叶子正在变色的大花紫薇。几乎常年开花的红花羊蹄甲，也就是香港的区花，也见到不少。这些大树，个人感觉修剪有些过度，枝丫很少，树干光溜，枝叶多留在顶部，感觉就像理了锅铲发型的人，少了些天然的趣味。

一棵规模甚大的高山榕引起了我的注意，树枝之间垂下的几十条气生根，深深扎入地下，林立如树，把大树的主干部分都遮挡住了，独木成林的恢宏气势已经形成。树边立有椭圆形石碑，细细读来，原来这是一棵有故事的树，是香港特别行政区首任长官董建华先生1998年植树节时手栽的。让我好奇的是，短短二十年时间，一棵榕树居然能够长成如此惊人的规模！

所有树木之中最让我惊艳的，是榄仁树。此树因核果外

高山榕

形如橄榄而得名，为使君子科榄仁树属大乔木。它还有一个别名"山枇杷树"，这是根据其叶形来称呼的，和蔷薇科的枇杷树没有任何亲戚关系，只是因为两种树叶的大小和形状都差不多，都是枇杷形而已。如果把两种树叶放在一起比较，会发现枇杷叶子稍微苗条一些，榄仁叶子圆胖一些。榄仁树的果仁可食，据说有杏仁味。

榄仁树之别具一格，是其叶子会变色。举目望去，但见满树的叶子从通红到橙红再到褐红，几乎各种红都有，其中还间杂着焦黄、新绿、暗绿等各种颜色，就像上帝打翻的调色板掉到了榄仁树的树冠之上，叶色之丰富让人惊叹，也让人着迷。

榄仁树同属还有一种小叶榄仁，在广深及新加坡街头很常见，也是一种树形非常优美的树木。其树干浑圆挺直，枝条水平向四周伸展，然后层层向上收窄，如宝塔，似雨伞，新叶萌发之时，好似片片绿云降落树间，

榄仁树

朱缨花

白朱缨花

垂花悬铃花

宫粉龙船花

风格十分独特。在深圳仙湖植物园，还曾看到一种锦叶榄仁，是小叶榄仁的变种，树形类似，叶色有别，新叶中央浅绿，边缘微黄，在枝丫间一层层铺陈开来，秀气迷人。

大树之间，跑道四周，高高低低配置了不少灌木，开花植物颇多。红绒球一样的朱缨花最多，其间还有一种白朱缨花，见惯了红色品种，忽然看到白色的绒球，更觉素雅宁静。红裙般的垂花悬铃花，粉嫩娇艳的宫粉龙船花，在绿叶之间非常抢眼。宁波象山滨海曾见过的野生种射干，这时还在开花。华南常见植物朱槿，红色之外，还有一种淡黄色的，也很漂亮。此外，新认识了红苞白瓣的毛茉莉、形似鹤望兰的黄苞蝎尾蕉，以及形似

朱槿 朱槿

黄苞蝎尾蕉 蓝蝴蝶

单花莸的蓝蝴蝶。

　　香港的面积虽然只有1100平方公里，比鄞州区大不了多少，但亚热带的气候，海岛及山地的复杂环境，对自然环境的严格保护，为生物的多样性提供了非常好的条件，是一个进行自然观察的优选之地。因公务繁忙，只能通过维多利亚公园简单一瞥香港草木风貌，期待日后有机会重游香港，去自然保护区、郊野公园、动植物园等地欣赏更多本港植物。

春到中原草木知

　　一场突如其来的疫情，带来了各种不确定性，很多事情根本来不及思考就已经发生了，比如这次来到河南周口。

　　对于周口，此前一无所知。到后才了解到，周口历史悠久，传说伏羲、女娲都在这块土地上活跃过，东北角的鹿邑是老子故里，西南角的项城出了历史人物袁世凯。周口常住人口 800 多万，外出务工人员 240 多万，是各大经济发达地区劳动力的重要输出地，也是各大人力资源公司的必争之地。

　　自 2020 年 2 月 24 日被紧急派至周口，经过五六天夜以继日的艰苦努力，局面得以打开，工作进入有序状态，终于可以缓口气了。在周口这些日子，无论阴晴还是下雨，天空一直灰蒙蒙的，疫情期间经济生活几乎停摆，当地的空气质量依然如此之差，倒是始料未及。尽管如此，我们还是有下楼散散心的冲动。反正戴着口罩，雾霾又能奈我何？

　　我们入住的酒店，在宁洛高速商水出口附近，面前有一条宽阔的太昊路。太昊是伏羲的别名，在淮阳还有规模宏大的太昊陵呢，可见伏羲文化在此地的重要影响力。早晨和傍晚，我喜欢顺着太昊路的绿化带散步，顺便观察这

石楠

繁缕

荠菜

宝盖草

里的草木。

太昊路的行道树主要以悬铃木为主，比南方的品种似乎要挺直一些。那枝间错落有致挂满一树的小球果，主要以一球为主，这是美洲悬铃木，又称美国梧桐，与一串二球的英国梧桐、一串三球的法国梧桐略有区别。路边长长两排悬铃木的枝条，还是光秃秃的，再加上雾霾的天气，冷清的大街，感觉有点荒凉，和此时到处碧绿苍翠、次第花开的宁波相比，差异太大。

不过，路边常绿树也是有的，乔木以女贞、棕榈、枇杷、石楠等为主，灌木主要是冬青卫矛。中原大地此时的绿色，主要分布在原野，郑州来周口的路上，有一眼望不到边的青青麦苗。如果不是天际线上、麦地中间那些光秃秃的杨树、泡桐树，还以为在大草原呢，这是个人前所未见的美好景象。

这里的气温，乍暖还寒，低头看看绿化带灌木下的野草，却可以接收到春天的讯息。南方很常见的一些花草，这里也有不少。如白花的繁缕、荠菜，青翠的猪殃殃，俏皮可爱的宝盖草，精致蓝花的阿拉伯婆婆纳，硕大黄花的蒲公英，正活泼泼生机一片。它们生命力旺盛，适应能力强，虽然柔弱细小，却能到处攻城略地，将小花开遍南北西东，着实令人敬佩。

顺着太昊路往东两公里，有一个开发区人民广场，偌大的广场上只有几个大人孩子在放风筝，显得有点空旷。广场西侧有一片树林，放眼望去，多是美国梧桐，里面也夹杂着枫杨树，看得见去年残存的一串串翅果。我一个人慢慢地在林子里蹚着，期待能再找到一些开花植物。

林间远远看到一片淡黄色的花，以为是连翘。走近一看，却是蜡梅，看样子已是盛花后期了，大部分花朵已经打开，没剩几个花苞了。这些蜡梅花瓣狭长、花心带紫，显然是园林绿化中最常见的狗牙梅，不过对于此时少花的中原大地来说，有蜡梅可赏，也聊胜于无。

在一个乒乓球场附近，遇到了第一个惊喜。一株花开满树的望春玉兰，在落叶树中特别显眼，一下子吸引了我的目光。树上的花朵很新鲜，显然花期才开始。因为疫情，今年在宁波都没有好好欣赏一下望春玉兰，等鄞州公园恢复开放的时候，花期已过，花朵已残。没想到居然还能在这里偶遇它们！

惊喜一个接着一个。拍完望春玉兰，正要出林子，忽然闻到一股甜香，那是熟悉的梅花的味道，举目四望，看到一片灿烂如云的香雪海，那里居然有两大片绿萼梅，正迎风怒放，幽香阵阵。我快乐得都要叫起来了！

一般而言，南方的梅花，以江梅和宫粉梅最为常见，而我最爱的绿萼梅，配置并不多。宁波儿童公园有一大片，以前每年都会去细细欣赏，特别喜欢它们那绿萼白花的冰清玉洁。自单位 2017 年迁至鄞州后，已有三年没有看到过绿萼梅了。这片梅林枝干遒劲，树形高大，花繁似雪，能够在这种特殊时刻遇见，堪慰乡愁。

看完绿萼梅，天色渐暗，月上蓝天，路边杨树、柳树等树冠上，停满了不知名的小鸟，呼朋引伴，时飞时落，鸣声震天，热闹非凡。路过一些

望春玉兰

绿萼梅

单位大院，除了门口有一二疫情防控人员，皆寂静无人，与鸟儿世界的众声喧哗，形成了鲜明对比。

喜欢草木的人，在哪里都不会寂寞。出差已经是第九天了，虽然工作很辛苦，也想念家人，但看到这么多草木，我的心则是宁静而快乐的。更何况，我还比在宁波的朋友们多得了一个春天呢！

木渎古镇草木美

　　小桥流水的江南古镇，有灵且美的四季草木，它们之间的搭配和变化，会带给人怎样的美好体验，这是我非常关心的话题。这次出差苏州，木渎古镇近在咫尺，正可借机欣赏一下古镇暮春时节的物候之美。

　　白天公务活动排得满满当当。但没关系，还有早晨，这是一段可以好好利用的宝贵时间。4月9日，早起，五点三刻到达目的地。此时的古镇，还在将醒未醒之间，清晨的阳光斜射在青石板上，有居民生着煤炉子。街道上几乎没有什么人，除了清洁工，偶尔有两三行人走过，小镇显得静谧而空旷。我一个人背着相机，悠闲地走着，暂且享受这难得的美好时光。

　　和乌镇、西塘等相比，木渎古镇规模要小一些。沿河的一条主干道上，有台湾政要严家淦的祖居严家花园，乾隆曾亲临过六次的虹饮山房，以及生有五百岁罗汉松的古松园。这些皆是小镇的著名景点。尽头拐过一座桥，还有一个榜眼府第，是林则徐的弟子、著名洋务派代表人物冯桂芬的老宅。因为太早，四处皆大门紧闭，但生机盎然的草木，是院墙围不住的。

黄木香花

门外无人问落花，绿荫冉冉遍天涯。暮春时节的木渎，已是绿肥红瘦，樟树在换新叶，银杏的小扇子已绿如碧玉，开花的植物并不多。在我的期待里，这里最好能遇见丁香。在戴望舒的笔下，丁香般撑着油纸伞的姑娘，走在湿漉漉的青石板上，这是最江南的。但并未如愿，或许此时花期已过了。

没能邂逅丁香，有木香也是不错的，宁波还没见过这种植物呢。或洁白或嫩黄的木香，如果从古老的白墙黛瓦之间花瀑般垂下来，那肯定是古镇最动人的风景之一。如果再能闻着沁人心脾的花香，在花下喝茶聊天或发呆，消磨半天时光，那真是令人向往的赏心乐事了。这个愿望实现了一半，在木渎看到了四丛木香，可惜没时间坐下来。

第一丛，是初见的黄木香，它们从老屋的一角直垂下来，向水面倾泻过去，哪怕隔着河远远地看着，也能感觉到这丛花的强大气场。不远处，有一家名为隽品堂的店铺，一丛白木香顺着落水管道攀缘上去，不知何时已经爬到了屋顶，在黛瓦之间铺开一大片。第三丛木香很有意思，居然在屋脊边缘结成了一个天然的花环。最壮观的木香，是在景区外围一座老宅子看到的，两道花瀑从两层楼的屋顶垂下来，满窗满墙，到处都是，垂至一楼又爬上了不知名树的树冠之上，白花花的一大片，其气势之盛，让人想起黄果树瀑布。

四月也是紫藤的季节，总感觉这种植物和老房子最是相宜。在古镇的一个长廊之上，看到一片紫藤，迷人的紫花拥拥簇簇，或爬上廊顶，或攀上树枝，或在廊边串串垂下，微风吹过，犹如风铃般轻轻摇摆，送来阵阵甜香。

最让我意外的，是居然还能看到紫堇。在宁波，可以看到8种以上的紫堇属植物，但属长紫堇却一直无缘得见。而在木渎，紫堇就像杂草般存在。河岸石缝中，墙根底下，墙头瓦当之间，房前屋后，到处都是它们的生长地。紫堇仿佛就是这里天生的主人之一，不知已在古镇上荣枯了多少个世纪。

紫藤

　　主街走完，还没到七点，于是离开景区，在古镇随意走走。枇杷正小果青青。河道边有不少菜园，种了很多菜，也有种荠菜的，都结出了三角形的角果。园中一丛芫荽，正开着细碎的白花，像纱帘上的电脑绣花一样精致美丽。

　　泡桐在各大古镇，都是常见的野树，此时正在盛花期。尤其让人敬佩的是一小株泡桐，它在砖瓦之间的缝隙里顽强生存了下来，还开出了一小束花，生命力之旺盛与生长之不易，令人感佩。

　　看看还有一点时间，又打车来到附近的天平山。此地为千古名臣范仲淹家族的长眠之地，亦为中国著名赏枫胜地，在历代享有盛名。此时树林阴翳，古木参天，游人稀少，环境清幽。这里有很多高大的枫香树，新叶初展，小球果渐渐长大，虽然还看得见上面的雌蕊，但已初具雏形。树下一大片金灿灿的油菜花，二月兰的紫花随风舞蹈，矾根也开出了好看的小红花。

紫堇

牡丹

　　偶然走进天平山庄的后院，此间草木让人眼前一亮，院内居然藏着一个挺大的牡丹园，实在是意外的惊喜。白色、粉色、深红色的牡丹，在绿草碧树以及老房子的背景映衬下，错落有致，花繁似锦，令人怦然心动。在距谷雨还有十多天的日子里，竟能邂逅国花牡丹的绚烂绽放，真是太幸运了！

　　赏完牡丹，向后山走去，但见野芝麻满地摇曳，檵木花开如雪。因时间关系，来不及往山上走了，赶紧打道回府。

北京四月春意闹

2018 年 4 月 2 日，周一早晨，跟着春天的脚步，来到北京出差。很期待有机会感受一下林徽因笔下的"人间四月天"。

事情办得顺利，又赶上重度雾霾，第二天中午就回甬了，真是一次闪电般的北京之旅。好在我有早起的习惯，周二早上在酒店周围转了一圈，细细观察了附近的草木，再加上一路留心，也算是管窥蠡测地感受了一下北京的春天。

与江南春天的次第花开、井然有序相比，北京的春天简直就是集体爆发式地全面展开，一股脑儿各种花儿全开了。以前常听北京人说他们的春天很短，倒没有什么直观感受，但从草木之间，可以真切感受到春天的匆促。春从南方走到北方，已经 4 月初了，而 5 月初天就要热起来，一个月内，该开的花都要急吼吼地开掉，让人眼花缭乱猝不及防，不稍加注意，春天可能一下子就溜走了。

从机场去市区的路上，细看车窗之外，杨树、白蜡都在吐出新叶，金

308

白丁香

紫丁香

黄色的连翘，粉色的杏花，淡云似的紫叶李，还有艳丽的紫荆花，都在路两侧大片大片开放。这次才发现，南北共有的植物挺多。

　　酒店附近的小区里，最引人注目的是丁香花。此花作为小区绿化植物似乎在北京运用很广，一排排随处可见，此时正值盛花期，加上花量极大，或洁白如云，或紫色似霞，气势极盛。近前拍照之时，一阵阵浓香扑鼻而来，让我好好过了一番丁香花的瘾，这是来北京最大的喜悦。宁波可看丁香的地方不多，上次专门去新典公园还没看到，不料在这里遇见了，而且还是这么一大片一大片的，真是意外之喜！

俗话说，"北连翘，南金钟"。南方看到连翘不容易，所以一直不知道如何区别连翘和金钟。突然发现，酒店楼下的花坛里，正好就有两株连翘，株形还挺优美。细细比较二者，兼请教西勾月老师，找到了一个辨别二者的绝招，秘密就在萼片与花冠筒的比例上，连翘的萼片比较长，和花冠筒的长度几乎相等，而金钟花的萼片极短，连花冠筒的一半都不到。

连翘花下的草坪之上，早开堇菜、紫花地丁和二月兰，都已经在风中摇曳了。叶片偏圆胖一点，花距更短粗一些的，是早开堇菜；叶片狭长一点，花距细长一点的，是紫花地丁。它们长在同一片草坪，正好提供了一个比

连翘

金钟花

较鉴别机会。

一棵二乔玉兰，正热热闹闹地开满一树，旁边的飞黄玉兰居然也开了，关山樱的花苞已经展开。在飞黄玉兰开放的时候，二乔玉兰、白玉兰都已经绿叶满树了，几乎没见过它们同时开花的情况。

宁波的春天从三月初开始，先是白玉兰、二乔玉兰拉开大幕，随处可见两种玉兰明晃晃地花开满树；三月中旬，无处不在的紫叶李，以小碎花织成的无边轻云，让人感觉到甬城的春深似海；等到染井吉野等樱花开遍全城的时候，就是甬城春天的最高潮部分，三月也就过去了。当飞黄玉兰和关山樱出现的时候，已经到了甬城春之交响曲的后半段，接下来就等着欣赏紫藤、蔷薇和楝花了。宁波的春天就是这样年复一年有条不紊地周而复始。

相比较南方从容的春之交响曲，北京的春天，因为少了一个月的时间，虽然也有自己的节奏，但在一个南方人看来，简直就是一个热闹活泼拥挤的大庙会。

① 二乔玉兰

② 飞黄玉兰

③ 紫叶桃

④ 关山樱

紫丁香

烟台盛夏草木记

　　说起烟台，马上就会想到这里的张裕葡萄酒、栖霞大苹果。曾去过其下辖的蓬莱市，住过其隔壁的威海市，但就是没到过烟台市内。对我来说，烟台是一个闻名已久却始终绕道而过的城市。

　　2018 年 6 月 24 日，周日下午，因为公事，终于来到烟台。每到一个陌生城市，观察一下当地的植物种类和样态，已经成为我出差最喜欢做的一件事。这次来到烟台，行程安排紧凑，上午办事，下午就要出发去青岛，能利用的时间只有早上。不过，早上的时间利用好了，相当于多出半天，也是非常不错的。闹钟定的五点半，不知是否太过兴奋，四点五十就醒来了，看到外面天气晴好，简单洗漱一下，五点一刻就出门了。

　　入住当天，已侦查好了地形。看到酒店的后面，有一条不是很高却蜿蜒绵延的小山，山上蓊蓊郁郁，植被丰茂，隐约还有亭台楼阁，估计有登山步道，于是决定就去爬这座山。走出不多远，发现这里有一个毓璜顶公园，头天看到的亭台楼阁，其实是玉皇庙的古建筑群，虽然里面很多景点还关

冬青卫矛

厚萼凌霄

着门，但草木们却生机勃勃。

烟台人对冬青卫矛似乎颇为偏爱，走在城市的大街小巷，无论公园绿化，还是庭院布置，到处都可以看到树树繁花的冬青卫矛，毓璜顶公园亦然。其枝干遒劲，黄绿色小花精致秀气，微风吹来，阵阵清香沁人心脾。与宁波只是作为造型或隔离灌丛不同的是，这里的不少冬青卫矛都长成了小乔木。烟台山上有一条寓意爱情的百年冬青长廊，其实也是冬青卫矛。在烟台山附近的使领馆区，还看到两株卧地斜升的老树，估计已有数十年的历史了。冬青卫矛下的冰心坐姿塑像，感觉也特别清雅。

厚萼凌霄是冬青卫矛之外，烟台市令人印象深刻的第二种植物，几乎随处可见，布置巧妙，花开如瀑。在毓璜顶公园，可以看到厚萼凌霄爬满院墙，女贞亭亭而立，花开满树，蓍草随风摇曳，绽放如云，白花的珍珠梅，如烟似雾的黄栌，都在清晨展现着自己的美丽容颜。市民在这样的环境下吹笛、打太极、锻炼，心情一定十分美好。

大致扫描一下这里的园林花木，我就去山路了。平时看北方草木的机会不多，因而一路上观景看花，新鲜感十足。从观察的情况来看，山上乔木多为刺槐，成片生长，此时已经结出了果荚。比较显著的灌木是荆条，正开着紫色的唇形花朵。野生的牵牛花在地上随意蔓延，有蓝色、紫色、白色等诸多颜色。刺槐，又名洋槐，因具托叶刺而得名，是毓璜顶这一带山上最常见的树种。满山都是荆条，它和牡荆、黄荆的区别是叶子缺刻特别深。

还有一种令我惊艳的是火炬树，羽状复叶之间升起的一团团火焰，是其结着毛茸茸果实的红色果穗。看过杏花，却没有见过杏果，当看到树上那绿中透黄、黄中透红的累累硕果，我还以为是梅子，正好一位大妈在旁边笑眯眯地看着我拍照，赶忙讨教，才知道是杏儿。树上挂果的还有核桃，这是早年在四川认识的。据说，漆树科盐肤木属落叶小乔木火炬树繁殖能

315

火炬树

杏

蓍

力太强，几乎已经成为北方的入侵物种了。

在海边，还看到一片柽柳，淡粉至白色的穗状花，开得如梦似幻，非常好看。当然，花色丰富、堪比芍药的蜀葵，在这里也十分常见，高高低低，花开如屏。城市行道树之中，高大挺直的毛白杨很多，树干上的小菱形皮孔斑斑点点，非常好看，其他行道树比较常见的还有银杏、悬铃木等等。

惜乎时间太短，对于烟台植物，只能匆匆一瞥。

若到西湖赶上雪

2018 年 12 月，杭州出差，正逢二十四节气之大雪。不承想，当年这节气应在杭城，居然如此之准。周六上午，飘起了鹅毛大雪。虽忽大忽小，却未曾停歇。当晚入睡前，我暗暗期待雪能一直下，周日便可早起去赏雪后西湖了。

西湖晴雨皆美，"淡妆浓抹总相宜"，但最让我期待的是雪后湖山。一则因为江南少雪；二则因为明朝张岱的《湖心亭看雪》：

> 崇祯五年十二月，余住西湖。大雪三日，湖中人鸟声俱绝。是日更定矣，余拏一小舟，拥毳衣炉火，独往湖心亭看雪。雾凇沆砀，天与云与山与水，上下一白。湖上影子，惟长堤一痕、湖心亭一点，与余舟一芥、舟中人两三粒而已。

> 到亭上，有两人铺毡对坐，一童子烧酒炉正沸。见余，大喜曰："湖中焉得更有此人！"拉余同饮。余强饮三大白而别。问其姓氏，

是金陵人，客此。及下船，舟子喃喃曰："莫说相公痴，更有痴似相公者！"

张岱之文笔洗练、素净、精当，天下独绝。其为文，无论写人，或是记事，寥寥数语，便跃然纸上，令人回味无穷。此文不到两百字，却一波三折，摇曳多姿，尤其对雪景的描绘，最让人拍案叫绝。这样的视角，难为他想得出来，就好像他那时候就会航拍似的。故此，他的代表作《陶庵梦忆》，一直是我的枕边之书，闲来翻上几篇再睡，连做梦都是别有滋味的。

天遂人愿。周日清晨五点多拉开窗帘，杭城已成银装素裹的童话世界，让人喜不自胜。于是，寻了一辆共享单车，天不亮出门，骑往西湖看雪。

顺玉古路，上桃源岭，折向杨公堤方向，来到曲院风荷附近的湖边。沿路但见草木戴雪而荣，建筑顶上如盖白绒毯，天地之间一片圣洁。莫道君行早，更有早行人，湖边已有很多游人或撑着伞看雪，或架着三脚架拍雪。

　　雪后处处皆景。我从岳王庙码头出发，沿湖过西泠桥，绕孤山路，过平湖秋月，折向中山公园，绕孤山回西泠桥而返。一路上游人如织，打雪仗、堆雪人、拍雪景，欢声笑语不绝于耳。红色的南天竹果，紫色的紫罗兰，黄色的金鱼草，红色的郁金香，在白雪中显得分外娇艳。

飞檐翘角的亭台楼阁，点缀在玉树琼花之间，有一种非常中式的和谐美。迷蒙之中的淡淡远山，在浩渺湖水的尽头，形成一道道美丽的天际线。偶尔，一两艘游船从码头开至湖中心，静雅肃静的湖山顿时生动起来。有人在岸边拍风景，他们却成了别人眼中最美的风景。绝美之景，到处都是，而极少拍摄雪景的我，都有点不知所措了。

因公务在身，时间有限，不能再去苏堤、白堤等处，从不同角度尽赏西湖雪景。宋代词人王观《卜算子》曰："若到江南赶上春，千万和春住。"而我能在出差时赶上西湖大雪，虽浮光掠影，但已是大大的 surprise 了！对此，我表示心满意足。